木艺景观

WOODEN LANDSCAPE

凤凰空间·华南编辑部 编

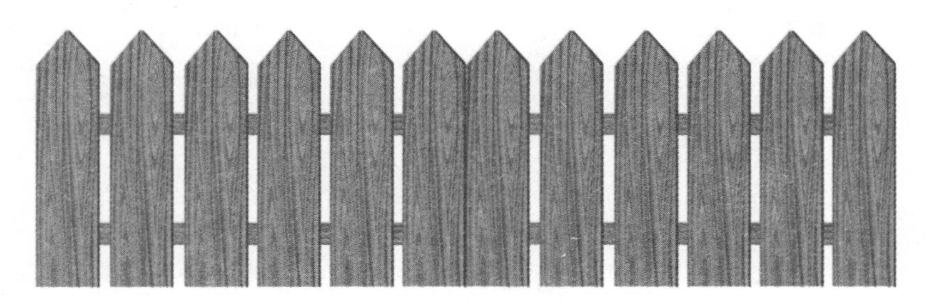

江苏凤凰科学技术出版社

目录
CONTENTS

第一章　木材综述

第二章　木材在景观中的运用

第三节　围栏

第四节　绿廊花架

第五节　亭、廊、木屋

第六节　桥

第七节　室外家具

第一章 木材综述

园林作为“户外活动之场所”，最基本的功能是满足人们放松身心的需求，在其中漫步、停留、休憩、运动、游玩、观赏是用于最重要的使用方式。因此，可把园林中功能性的建设归纳为最基本的两类：铺地与休憩设施。除此之外，园林还包括单纯为点缀的艺术小品和园椅、垃圾箱等必须的环境家具。木材由于力学和美学方面的特性，在园林中的应用范围几乎涵盖了功能性建设的方方面面。从作为铺装的木板路到园林中的小型建筑，甚至雕塑小品，木材正在被越来越多的设计师所青睐。

第一节　木材的材性

1. 木材的组织和构造

木材由树皮、边材、芯材和髓芯等部分构成。

(1) 芯材与边材

芯材与边材是多数成熟树干横切面或径切面可看到的显著特征之一。芯材是材色较深的中心部分，边材是树皮边木质色泽较淡的部分。同株树木的芯材与边材存在着很多性质上的差异。芯材纤维较稠密，收缩性比边材小，耐腐蚀，是木质较坚硬部分。边材木质松软，水分较多，耐腐蚀性差。

(2) 年轮、早晚材

树木在生长过程中，由于季节的更替，使得木质的颜色呈现明显的变化，所形成的圈层叫年轮。生长季开始形成的、材色较浅的部分即年轮的内圈，称为早材或春材，木质较松软；生长季后期形成的、颜色较深的部分叫作晚材或夏、秋材，木质较坚硬而细密。

(3) 树节

树木在生长过程中，树干部分长出的枝条，在木材的端面会形成木节。木节有活节和死节之分。活节是在树木活着的年代和树木一起生长的节子。它与周围的木材紧密相连，一起生长，质地坚硬，构造正常。死节与活节相反，死节的周围材质脱离或部分脱离，破坏了木材的完整性，影响抗弯强度。

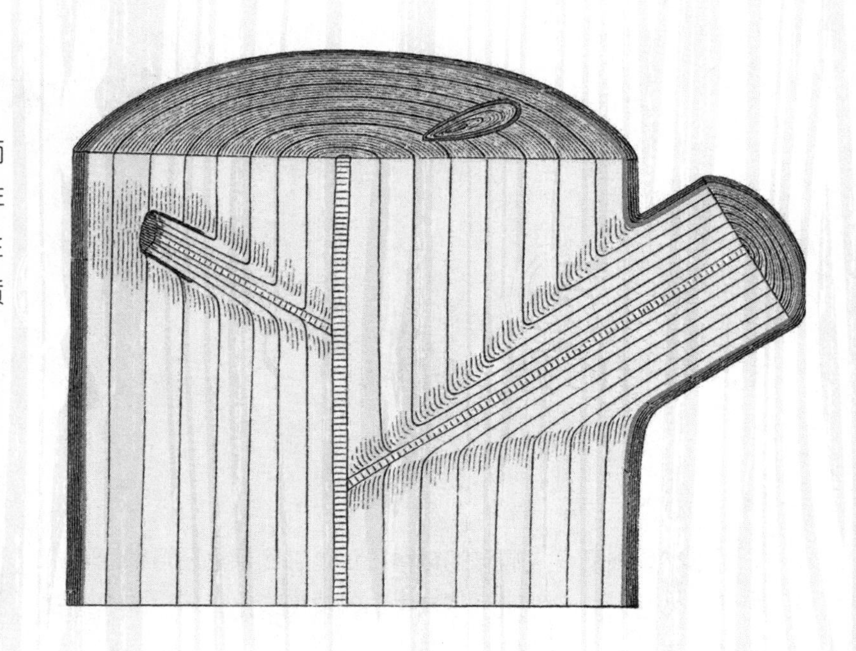

2. 木材中的水分

木材中的水分依其状态可分为：呈游离状态存在于细胞腔和细胞间隙间的自由水和呈吸附状态存在于细胞壁内的吸附水。木材中所含水分的多少用含水率表示，含水率是一块木材中所含水分的质量与绝干后木材质量的百分比。木材只含吸附水时的含水率称为纤维饱和点，通常以 30% 作为木材的纤维饱和点。木材只有含水量低于纤维饱和点时失水会发生收缩，而木材各部分收缩程度不均匀是造成木材变形的主要原因。一般木材顺纹干缩可忽略不计，径向干缩为 3% ~ 6%，纵向干缩为 6% ~ 12%。木材的主要变形形式有：拱形、弓形、扭翘、边弯，可根据断面的年轮对木材可能发生的翘曲做出相应的预测。

3. 木材的力学性质

木材构造上的各向异性，使木材的各种力学强度都具有明显的方向性。在顺纹方向（作用力与木纤维方向平行）木材具有很强的抗压强度。横纹（作用力与木材纵向纤维方向垂直）抗压仅为顺纹抗压强度的 10% ~ 20%。木材具有很强的抗拉性能，顺纹抗拉是抗压的 2 ~ 3 倍，而木材的横纹抗拉则是各项力学强度最小的，约为顺纹抗拉强度的 1/40 ~ 1/20。木材具有良好的抗弯性能，抗弯强度约为顺纹抗压强度的 1.5 ~ 2 倍。木材的抗剪强度因作用力与纤维方向不同，可分为三种：顺纹剪切、横纹剪切和横纹切断。木材的顺纹受剪强度很小，仅为顺纹受压的 1/7 ~ 1/3。木材的横纹受剪强度更低，实际工程中一般会出现横纹受剪破坏。木材的横纹切断强度较高，是顺纹抗剪的 4 ~ 5 倍。

第二节　木材的外观

1. 木材的美学价值

(1) 纹理之美

木材是最富有人情味的材料，让人感到亲近温暖。因为木材的天然性，大自然赋予了其生动的纹理变化。木材的纹理就是宽窄不一的年轮，记载了环境、气候及树木的生长过程。木材的切割方式包括横切面、径切面、弦切面三种。横切面形态近似同心圆；径切面为平行条状；弦切面则为抛物线状，规律中带着写意。

根据树木生长方向不同，有直纹理、斜纹理、扭纹理和乱纹理等。因树种相异，针叶树纹理细，材质软，木纹精致，会呈现出如丝缎般的光泽和绢画般的静态美，多以素装为宜；阔叶树因组织复杂，木纹富于变化，材质较硬，材面较粗，而具有油画般的动态粗犷之美，经刨削、磨光加工、表面涂装后花纹美丽、光可鉴人，装饰效果较好。此外，树木生长的姿态、树皮、树根、树丫、树瘤，以及树木的早晚材更替变化、木射线类型、轴向薄壁细胞组织分布和导管排列组合等，包括木材细胞壁上的纹孔和树脂道等微观或超微观结构特征，都增添了木材表面纹理的偶然性和情趣感，成为木材本身具备的天然美学元素。

(2) 色彩之美

园林中使用的木材具有多样的色彩与光泽，其色相、明度和纯度的多种层次会产生不同的感觉和联想。在园林造景中，直接运用木材富于变化的色彩和光泽，能够达到良好的感光和视觉效果。木材的色相丰富，以暖色为基调；明度高会给人明快整洁、华丽高雅的印象，明度低则显得深沉厚重、沉静素雅；纯度高的木材华贵激昂，纯度低的木材则凝重端庄。另外，不同的树种具有不同的材色。如云杉、白蜡树、刺楸、白柳桉等木材色彩明度较高，能够营造出明亮、清新、现代的氛围；而柚木、核桃木、樱桃木等明度低、深色的木材则能够形成宁静、雅致的印象。

(3) 质感之美

木材是多孔性材料，表面会形成小的凹凸，在光的照射下会呈漫反射现象，或吸收部分光线，光似乎能渗入木材的表面，使它产生柔和光泽。同时木材可吸收紫外线而反射红外线，因此会给人们带来温暖、柔和、细腻的触觉和视觉效应，即便在寒冷的冬季也可以给人温暖的感觉。木材质感是其表面效果所体现出的自然属性。例如，带有树皮的木材给人的感觉野性粗糙，而去皮之后的原木则细腻光洁，展现出纯洁、高雅的特质；加工程度的不同也使得板材质感有所不同，表面呈现出不同层次的光泽感。设计中有意识地利用材质的不同特点进行对比设计，在整体上把握协调统一的原则，才能够使材质的质地美感成为设计的亮点。

(4) 肌理

木材的肌理由许多细小的棕眼排列组成，通过年轮、髓线等的交错组织在切面上呈现出深浅不同、回环蜿蜒、变化万千的美丽纹理。木材肌理形状的不同，是由于在形成过程中受到很多因素的影响。通过精心选择，巧加利用，可使精心打造的木纹成为园林建筑与设施小品的装饰，形成漫不经心的天然之美。如日本的桂离宫新御殿东侧缘内铺地的长条木板，纹理如画，有的如轻舒曼卷的烟云，有的仿佛泛起涟漪的池水，与日本枯山水庭园中沙砾铺地所形成的圈圈涟漪相互呼应。

2. 园林木材的景观美感

不同的建筑材料在人们看来往往有着不同的象征意义。如玻璃的轻盈透明塑造了开放空灵的空间，钢筋混凝土的厚重书写了机器时代的伟岸与挺拔；而木材则拉近了人与自然的距离，它温润包容，和谐亲切，更成为一种物质性媒介，实现了人类情感与文化的传递。木质景观的设计要考虑到材料的质感统一、纹理顺畅清晰、衔接自如、质地坚硬等方面，使建筑与小品整体构造坚固、美观，具有观赏性。

在设计木质景观时，首先要考虑其整体的美感，充分考虑其服务功能、服务对象与布置的地点及体量的关系，把握其尺度；其次要考虑木质小品整体与细部的尺度关系，在设计上要考虑整体和细部构件的尺寸，达到协调；再者，在色彩上要考虑其和谐统一的整体效果。在设计中，曲折和变化也是很重要的，木结构造型的曲折变化和韵律变化会使其更具有活力和观赏价值。因此，设计要结合地形和环境的变化，从平面和立面上的综合视觉效果考虑，达到明暗、曲直、尺度、色彩图案装饰的对比效果。

木质景观设计达到整体美观的同时，还应注重其个性和文化艺术美感，既要有个性，又要有特色，在造型和材料运用上要体现地域特性，让地域文化“符号”融人景观中。在材料特色、文化含义、色彩艺术、构造特征及图案修饰等方面要凸显木材的特性，使其更加具有艺术感染力。

3. 园林木材的意境营造

木质景观是由天然木材构成的，所形成的景观效果与钢铁、混凝土有着本质上的区别。木材属于软性材料，随着时间的推移，会有藻类、地衣、苔藓等附着于其表面，产生绿锈，形成非常自然的视觉效果；木材质地较柔软，易于加工，组装方便快速，可以较灵活地构成精致的园林景观，为节点景观增添多形态的、富有变化的效果；木材是来自大自然的材料，色彩温和，可以很融洽地融入周围环境，与周围景观形成和谐的组景，创造不同的意境；木材本身就给人一种古朴、自然的感受，由其构成的景观使人感到亲切。

木材不仅自身可以营造自然、生态的景观效果，还可以与不同的环境景观结合，创造出更多不同的意境美。景观中所用到的木材很多都是选于原木，质感和色彩本真而朴实，其形象和结构通常加工自如、构造简洁，能随景而置，使得人造的景观能很好地融入自然环境，较好地形成整体景观，形成人性与自然生态结合的景观意境。如在森林中铺设木栈道，营造出一种与自然环境相得益彰的生态氛围，虽由人作，但在自然环境中并不突兀，与环境有很好的融合，体现出人与自然生态结合的意境美。木材来源于自然，由这种材料营造的景观具有一种古朴的性格，与建筑、环境结合，能更好地创造出一种古朴和幽雅的绿色环境。原木材料制作的园林小品往往由于体量小巧、造型多变，能随地形、场地自由设计、布置和点缀，不管是曲线或是直线的造型都显得非常活泼。因此，往往容易营造出亲切与和谐的园林景观意境。如在草坪或水边建造的小木屋、木亭，造型往往很别致，创造了一种返璞归真的意境，使人感到亲切、和谐。在设计过程中，应着重对人生理、心理因素的考量，体现以人为本的设计理念。

第三节　木材在景观中的维护

木材在自然环境中，尤其是比较潮湿的环境中，再加上自然环境的冻融变化、生物的侵蚀，很容易出现变形、开裂、霉变、腐烂、虫蛀、掉漆、褪色等不良现象，这将严重影响木质景观及设施的美观性和安全性。为了延长木制品的使用寿命，要对木材进行相应的烘干、防腐、油漆等处理，来提高木材的使用寿命并减少维修与维护成本。

随着现代科技的发展与进步，越来越多的新材料、新工艺、新方法被引用到景观设计中。在工艺方面，材料与现代科技的有机结合，增强了景观材料的表现力度，能更好地创造景观空间。

由于木材是一种天然有机材料，在适宜的温度、湿度、适量的空气及木材本身的营养物质都齐备的情况下，极易受到生物侵害而遭破坏，导致木材腐朽、虫蛀。我国规定，在户外使用的木材，必须要经过防腐处理，以最大限度地延长木材在室外安全使用年限，达到合理利用、节约资源的目的。

1. 木材表面涂装

(1) 木材表面涂装目的

装饰功能：赋予色彩、光泽，增加表面平滑度或纹理立体感等；

保护功能：耐湿、耐水、耐油、耐化学药品、防虫、防腐、防蛀等；

特殊功能：温度指示、电气绝缘、隔声、隔热等。

(2) 木材涂装对涂料的要求

底层涂料要具有良好的渗透性、润湿性、附着力，能够保证涂膜的持久性，具有优秀的耐水、耐污染、耐酸碱的能力；涂饰面层要有良好的装饰性，保证木纹的清晰度及明显的立体感；同时，为了方便施工，木器也应具有良好的重涂能力。

未涂装的枫木

巴西棕榈蜂蜡

丙烯酸清漆

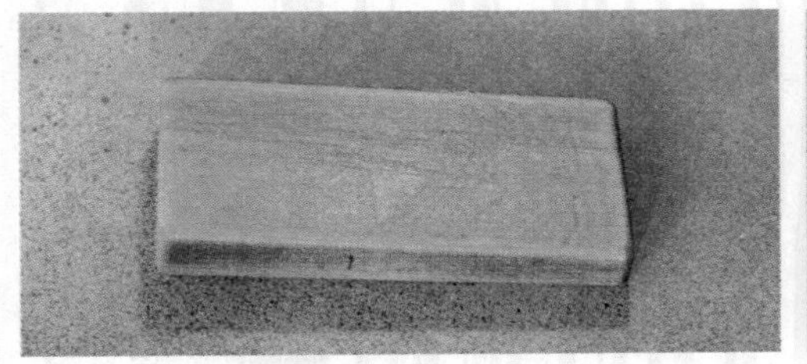

亚麻籽油

丙烯酸涂料

桐油

2. 木材的防腐处理——防腐木

随着人们环保意识的加强，木材的使用越来越受到设计界的青睐。增强木材的使用价值又不失木材的美观，最为行之有效的方法就是对木材进行防腐处理。

防腐木是指采用防腐剂毒化过的木材，这种木材具有防腐功能、防生物侵害功能，能避免由于保存和使用不当，可能在半年至两年内发生腐朽和虫蛀的现象。木材经防腐处理后，保持了木材自然、环保、安全的特性，大大提高了木材的利用率。目前防腐木在景观平台、围篱、栈道等方面应用广泛。同时值得注意的是，作为户外用的防腐木，它自身的热胀冷缩没有经过特殊的控制，因此变形比较严重。在铺设防腐木地板的时候，通常就需要留有缝隙，并且被架空，可以随时翻开，方便清洗或者捡拾掉落进去的东西。

景观中常用的防腐木材来自针叶树和阔叶树。针叶树质地一般较软，生产上称“软木”，如北欧赤松、美国南方松以及柳杉等各类杉。阔叶树种类繁多，统称杂木，其中特别坚硬的木材则称为“硬木”，如菠萝格、柚木、紫檀等。另外，从树的不同部分锯下的木材质量也是不同的。例如，芯材源于树干的中心部分，较耐腐朽，而边材靠近树皮，多孔能更有效地吸收防腐剂和其他的化学物质。

目前专用户外木材的主要类型有针叶树类（北欧赤松、红松、俄罗斯樟子松，性能稳定，防腐剂能进入木材内部细胞组织中）和阔叶树类（杂木、硬木、柚木、紫檀、菠萝格，不能从根本上进行防腐处理，需要经常维护保养；硬木生长较慢，费用较高）。

(1) 菠萝格——天然防腐木

别名：印茄木、太平洋铁木等

特性：

芯材、边材区别明显，边材淡黄白色至灰白色；芯材红褐色至淡栗褐色，具深色带状条纹。生长轮略明显。

木材有光泽，带有天然特殊气味；纹理交错，结构略粗，耐腐、耐久性强，材质硬重，强度高。此木材显著特征为管孔内硫磺色沉积物极为明显，遇铁及水易变色。

木质粗糙坚硬，性能稳定，具有极好的耐磨损能力，可做高质量家具、地板、窗口装饰、框架和门，以及小船和桥梁等。

(2) 红雪加松——天然防腐木

别名：香杉、美西侧柏、北美乔柏、红柏等

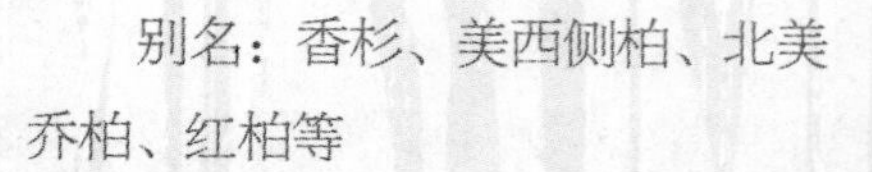

特性：

木材木纹纤细笔直，纹理均匀，摆放平整，竖立笔直，与扣件紧固良好。

密度低（表观密度 0.38g/cm^3），收缩小，木材稳定性高，是常见软木的两倍。

含有天然防腐剂，可防潮、防腐和防虫。能抵抗恶劣天气条件，适用于需要耐久性和规格稳定性的户外条件。

(3) 南方松——人工防腐木

别名：南方黄松

南方松又称南方黄松，是长叶松、短叶松、湿地松和火炬松等 4 个树种集群名称，生长于美国南部广大地区。南方松天然耐久性为中等，未经防腐处理木材在室外的寿命为 10 ~ 15 年。边材较芯材的可处理性高，其中长叶松和湿地松适合作为大型的结构用材。

特性：

美国南方松是全世界每年销量最大，使用最多、最广的防腐木。

木理纹路粗深，清晰美观，具有特别的木质风采。

具有高强度和出色的结构力，能以较小的规格尺寸来满足设计规定的荷载力，在木构造行业有“世界软木之王”的美誉。

木材防腐剂的高度留存性使其免于水分、腐朽、白蚁及海洋生物的危害，防腐能力可以保持 50 年。

具有高度螺栓及钉子保持力，非常适合用于建筑结构框架上。

(4) 樟子松——人工防腐木

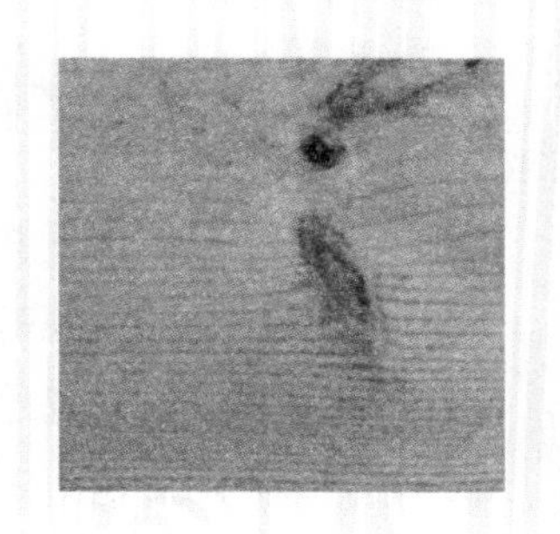

别名：海拉尔松、蒙古赤松、西伯利亚松等

樟子松属于硬木松类，是欧洲赤松的变种，主要分布于俄罗斯和我国黑龙江大兴安岭山区，目前市场上的樟子松多来自于俄罗斯进口。樟子松原木和湿锯材易发生霉变和蓝变，天然耐久性中等，芯材可处理性差。

特性：

木质细，纹理直，经防腐处理后，能有效地防止霉菌、白蚁、微生物的侵蛀，能有效抑制木材含水率的变化，减少木材的开裂程度，使木材寿命延长到 40 ~ 50 年。

樟子松颜色偏黄，油性较大，易开裂，色差较明显，易变色。

(5) 巴劳木——天然防腐木

别名：平滑桫椤双木、印尼玉檀

特性：

原木浅至中褐色，部分微黄，时间长久可渐变为银灰色和古铜色，不用上油漆。

属天然环保材料，无需化学处理可长期用在户外，使用寿命比普通防腐木长 1 ~ 2 倍。

耐磨性好，开裂少，抗劈裂，更适用于人流量大的公共场所。

密度较高，平均密度接近于水的密度，用水难以将木材完全渗透。

(6) 芬兰木——人工防腐木

别名：北欧赤松

特性：

具有很好的结构性能，纹理均匀细密，木质紧密，含脂量低，质量上乘，比大部分软木树种强度高。

芬兰防腐木具有抗真菌、防腐烂、防白蚁和其他寄生虫的功能，且密度高，强度高，握钉力好，纹理清晰，极具装饰效果。

3. 木材的炭化处理——炭化木

炭化木是将木材的有效营养成分炭化，通过切断腐朽菌生存的营养链来达到防腐的目的，是一种真正的绿色建材、环保建材。炭化木素有“物理防腐木”之称，也称为热处理木。经过高温处理后形成炭化木，这种材质纹理突出，色泽温润，并有木质芳香，是上好的装饰材料。其经高温处理，平衡含水能力下降，比普通木材稳定性更强且不易吸水、不易变形收缩，降低了霉变和虫蛀的破坏几率。整个炭化过程中不添加化学药剂，无特殊气味，对连接件、金属件无任何副作用，是一种安全环保材料。炭化木适用于一些亭廊、儿童游戏设施、景观小品等，但是炭化处理后的木材抗弯和抗裂能力会下降。

不同温度下的炭化效果

(1) 炭化木特点

① 防潮性增强

木材经炭化处理后，其水吸附机理发生了变化。随着处理温度的升高，吸湿性能强的半纤维素在处理过程中降解，使得木材的吸湿性下降，水分子与木材分子之间的氢键减少，从而降低了木材的吸湿性和吸水性，能让炭化木的平衡含水率比未处理木材降低 40% 以上。炭化木在室温条件下使用时，含水率始终保持在 6% 左右。

② 尺寸稳定性高

木材在高温环境中进行热处理，由于炭化过程降低了木材组分中羟基的浓度，减小了木材的吸湿性和内应力，使炭化木与外界水分的交换能力显著下降，从而大大减小了木材在使用中因水分变化引起的变形、收缩和湿胀。

③ 耐腐和耐候性能显著提高

木材组分在炭化过程中发生了复杂的化学反应，改变了木材的某些成分，减少了木材腐朽菌的营养物质，从食物链这一环节上抑制菌类在木材中的生长。因此，炭化热处理木材的耐腐性能和耐候性能显著提高，具有防腐烂、防白蚁、防真菌的功效。

④ 环保、安全

木材炭化热处理为纯物理技术，在木材炭化过程中只涉及温度和水蒸气，不添加任何化学药剂，所以炭化木相当环保和安全，是环境友好型材料。另外，炭化处理使一些速生木材具有了稳定性、防腐性和珍贵木材的颜色，这些速生木材可替代部分珍贵木材，因此炭化木具有环境保护意义。

⑤ 颜色内外一致

炭化木颜色内外一致，根据树种和工艺不同，炭化木的颜色为黄色至深棕色。对于松木、杉木、杨木之类浅色的速生木材，炭化后可以使这些廉价木材的颜色具有类似热带珍贵木材的颜色，并具有优良的稳定性。

⑥ 力学性能有所变化

炭化木经过超高温热解处理，大量半纤维素和部分木素降解，使木材某些力学性能有所下降，但由于炭化木平衡含水率低，使用时的含水率也较低，所以适宜的炭化处理温度可以提高炭化木使用时的抗弯弹性模量和抗压强度。炭化木的抗冲击韧性和握钉力降低较为明显，而且处理的温度越高，抗冲击韧性和握钉力越低。

⑦ 润湿性降低

炭化木经高温热解使木材的羟基浓度降低，木材的接触角增大，润湿性降低，有的木材甚至不润湿，比如桦木。

⑧ 易保存

炭化木保存不需要特殊的仓库，也不需对炭化木仓库控温控湿，但要注意炭化木保存时不被水浸泡或雨淋。

(2) 炭化木等级

欧洲炭化木协会根据炭化木的尺寸稳定性、外观颜色的变化和耐用性等特性，制定了炭化木的相关标准。一般来说，炭化木分 2 个等级：ThermoS 和 ThermoD，见表 1 和表 2。在 ThermoS 等级中的“S”表示稳定性，特别是指尺寸稳定性，含水率 6% ~ 8%；ThermoS 等级的炭化木较适合做室内装饰材料、家具、地板等，主要体现炭化木的稳定性。在 ThermoD 等级中的“D”表示耐久性，特别是指木材的耐腐性，含水率 5% ~ 6%，ThermoD 等级的炭化木较适合用于户外建筑、家具等，主要体现炭化木的防腐性。

表 1 ThermoS 和 ThermoD 等级炭化木性能对比（针叶材，如松木和杉木）

指标	ThermoS	ThermoD
处理温度（℃）	190	212
耐候性	+	++
尺寸稳定性	+	++
抗弯强度	不变	–
颜色深度	+	+

注：“+”表示有所提高，“++”表示有显著提高，“-”表示有所降低。

表 2 ThermoS 和 ThermoD 等级炭化木性能对比（阔叶材，如桦木和白杨）

指标	ThermoS	ThermoD
处理温度（℃）	185	200
耐候性	不变	++
尺寸稳定性	+	++
抗弯强度	不变	–
颜色深度	+	++

注：“+”表示有所提高，“++”表示有显著提高，“-”表示有所降低。

(3) 炭化木用途

木材在炭化处理过程中只涉及水蒸气和温度，不添加任何化学药剂，所以炭化木产品是环境友好型材料。另外，炭化过程显著提高了木材的稳定性和耐腐性。在欧洲市场，炭化热处理的松木与云杉主要用于室外建筑材料，如花园家具、门、窗及墙壁等。炭化热处理白桦和白杨木材可以用于室内家具、厨房家具、浴室装饰、镶板材料及镶木地板等。炭化的松木、杉木因为树脂被基本排除，所以特别适合做桑拿房。随着炭化技术的发展，一些密度较大的硬阔叶材也可用于炭化处理，如水曲柳、栎木、榆木、纤皮玉蕊等，以满足家具、地板等的使用需求。炭化木两种等级的使用范围也不同，推荐用途如表3所示。

表3 炭化木使用范围

ThermoS	ThermoD
室内墙板、室内家具、房间装饰、桑拿房、窗和门、地板、户内木龙骨、橱柜	户外墙板、户外家具、户外地板、户外木门、木百叶窗、园艺小品、游泳池、浴室

(4) 炭化木加工与安装

炭化木抗冲击韧性比未经炭化处理木材小，木质较脆，在机械加工时容易崩边，因此，加工时应保持刀具的锋利。另外，炭化木在安装过程中容易劈裂和破损，因此在安装过程中应尽量少用铁锤敲打炭化木，以防止炭化木破损，最好不要用钉直接钉炭化木，如果非要用钉子固定，须先在炭化木上钻小孔，然后再用钉固定。也可使用可以调节压力的专门打钉机器固定炭化木。

炭化木的握钉力比未经炭化处理的木材要小，安装时可以使用环孔钉等来提高握钉力，使用较少螺纹的螺钉或细钉来减少和避免木材劈裂。木材的表面应该避免钉子端头的凸起。在外墙装饰中，推荐使用直径2.1mm或2.5mm的不锈钢钉。在使用螺钉前，一定要预先试验。

(5) 炭化木涂饰与维护

炭化木用于室内地板、家具及装饰时，可以和未经炭化处理的木材一样进行表面涂饰和维护。做室内家具时一般采用透明漆，以彰显炭化木的自然颜色。但要注意，炭化木的润湿性较差，做表面涂饰时，一般可以通过磨光或涂刷的方法来提高木材保护剂对木材的透入程度。炭化木在户内使用一般不需要进行特别保护处理，如果需进行处理，可以采用上漆、上蜡或上油等方法达到保护目的。

炭化木用于户外时，可采用比炭化木颜色略深一点的户外木材涂料，如半透明的木材涂料和木蜡油。为减少或防止太阳紫外线的辐射使木材表面颜色变灰，应使用户外木材涂料，其维护方法和普通木材一样。在维护前木材表面要进行清洁和干燥。

炭化木使用时不适宜浸泡在水中或与泥土接触。另外，为了减少水分从端头进入炭化木或防止炭化木产生端裂，应对炭化木的端头进行保护处理。

第四节　新型木材料

1. 木塑复合材料

所谓木塑复合材料，是将液态的不饱和烯烃类单体或低聚物、预聚物浸注入木材内部后，利用射线照射或催化加热手段，使这些不饱和烯烃类单体或低聚物、预聚物在木材内聚合，与木材形成的一种复合材料。

特性：

具有与原木相同的加工性能，可钉、可钻、可刨、可粘，表面光滑细腻，无需砂光和油漆，其油漆附着性好，亦可根据个人喜好上漆。

摒弃了木材自然的缺陷，如龟裂、翘曲、色差等，因此无需定时保养。

弯曲特性强，适合用于室装各种刨花板条与装饰材料等。

独特技术能够应付多种规格、尺寸、形状、厚度等需求，这也包括提供多种设计、颜色及木纹的制成品，无需打磨、上漆，降低后期费用加工成本，给顾客更多的选择。

具有防火、防水、抗腐蚀、耐潮湿、不被虫蛀、不长真菌、耐酸碱、无毒害、无污染等优良性能。

使用寿命长，可重复使用多次，平均比木材使用时间长 5 倍以上，使用成本是木材的 1/3 ~ 1/2，性价比有很大优势。可热成型、二次加工，强度高，节省能源。

质坚、量轻、保温、表面光滑平整，不含甲醛及其他有害物质，无毒害，无污染。

加工成型性好，可以根据需要制作成较大的规格以及十分复杂的形状。型材广泛应用于托盘、集装箱制作以及礼品包装、室内外装修、工程建筑、园林公共设计等行业；片材具有优异的二次加工性能，主要用于汽车内装饰、室内外装修等，可加工成汽车门内装饰板、底板、座椅靠背、仪表板、扶手、座位底座、顶板等。

2. 竹基纤维复合材料

竹基纤维复合材料是将竹材疏解成纤维化单板，从而改变其物理形态，经过防霉、防腐、烘干、高温、高压等处理制作而成。经国家木材与竹材检测中心检测，竹基纤维复合材料具有高强度、高耐候性、高防腐性、高耐燃性等特点。可广泛应用于庭院、亲水平台、栈道、露台、广场、码头等高温、高湿的户外场所。

特性：

外观自然清新，纹理细腻流畅，有丰富的竹纹，且色泽均匀。

韧性强，有弹性，表面坚硬程度可以与樱桃木、榉木等媲美，稳定性佳，结实耐用。

竹材是直纤维排列，不易产生扭曲变形。稳定性较一般木材高。

第二章

木材在景观中的运用

第一节　木材的景观优势

木材作为中国传统建筑常用材料，有着悠久的使用历史。它和土、石一样，是人类最早用来建造房舍、修路砌桥的材料。直到现在，由于它的易得、轻巧和天然等特性，所以仍是倍受大众青睐的景观材料之一。我们在沿袭和继承使用的同时，对这样一个能够营造温馨亲切感受的景观材质进行技术与工艺的再处理，可使其经受长久的日晒雨淋，更具备景观设计材料使用中所达到的标准和要求，发挥景观效用。

木材与其他景观材料相比，优势在于：木材美观、柔韧、灵活、质轻、环保，是可回收的天然材料；利用太阳能生长，吸收并固定二氧化碳，木材可循环使用和可被生物降解；生产的木制品易加工，有着适中的强度、较好的弹性和韧性、良好的耐冲击、耐震动性和良好的保温性能；木材还具有悠久的历史认同感和深厚的文化积淀。

1. 园林木材在古典园林中的应用与选择

在我国古典园林中，材料的选择形式通常是就地取材。由于木材和石材均能方便获取，所以也成为中国古典园林中最具代表性的元素。木材在古典园林中的应用屡见不鲜，大至园林建筑（如亭台楼阁），小至家具小品（如坐凳花架），形成了独具中国特色的木文化。中国古建筑是以斗拱为特色的木建筑体系，讲求结构建造上的逻辑表达，以及各个构件之间的组合关系。木材作为一种传统的造园建材，其区别于其他材料的特点就是在加工成为建材以前它们是有生命的植物。不同植物的

材性的差异很大，而即便是同一种植物由于生长条件的不同也会产生个体差异，这些差异造就了每一块木材独一无二的特点。相同尺寸的两块木材，永远不会出现相同的纹理。木质的景观空间，总会给人们亲近自然的感觉。

2. 木材在现代园林景观中的设计方法

随着木材的加工工艺提高以及复合木材料的出现，木材在现代园林景观建设中应用更加广泛，如棚架、栏杆、木栈道、木平台、椅凳、花池、木亭等，具有休憩、赏景、娱乐等功能，同时还具有很高的观赏性。木质园林景观体现了现代景观“以人为本”“返璞归真”“绿色生态”的设计理念，在公共绿地、庭院以及住宅小区得到广泛应用。现代木材与传统木材相比，大幅度降低了成本，提高了木材的耐用性，更重要的是各种各样的木材品种为景观设计提供了更多的创造可能。

第二节　木平台

平台在中国和日本园林中的使用可追溯到几百年前。早在中国传统的自然写意山水园中便有与亭子结合的木制的平台，在日本，木平台不仅限于支撑亭子，还用于建造水中的栈道，造型轻盈灵巧，宛如漂浮在水中。但在西方，室外的木平台在近代才开始流行，最初的雏形可见于美国南部佛罗里达式住宅的门廊和新英格兰荫棚里。由于传统文化的差异，中日两国的木平台常用来观赏风景和静坐休息，一般处于园林中相对安静的半公共空间，而西方国家木平台常被设置在焦点位置用于公共的娱乐和活动，一般面积也要稍大一些。

近年来，木材各方面的优良特性使其在园林中得到广泛的应用。作为铺面材料，木材与其他材料相比，更容易让人感觉亲切、愿意停留，较为柔软和富于弹性的质地使其常常成为儿童游戏场地的理想材料。

木平台的基本结构体系可以适应较复杂的基地条件，所以在地表生态敏感的风景区中建造架空的木板路，能尽量减少人类活动对环境的影响。在坡度较大的地方，木平台可在最少影响和改变环境的前提下为人们提供一处可停留的空间，同时由于木材的天然品质，又使得其更容易与自然环境相融合。

1. 木平台的基本结构体系

木平台结构设计形式有两种——梁板结构和台式结构。这两种方法都有各自的优缺点，所以选择哪一种，与建造地点以及使用木材的类型和尺寸有关。

梁板结构，它的结构构件包括柱、梁和铺面板。其梁的间距取决于铺面板允许的最大跨度、交叉横断面上梁的节点尺寸及梁的允许跨度。台式结构，这是一种由梁和托梁组成的结构形式。因为托梁承担了大部分的荷载，所以只需很少的梁，适用于跨度较小的铺面板。托梁的使用，使这种结构类型有一个明显的侧面。托梁之间的距离是由托梁承受的荷载能力的大小、底板最大允许跨距和使用的承重木材种类决定的。

一般梁板结构的构件要大于台式结构，因此可允许更大的跨度，同时此种结构不存在托梁，其优点是侧面高度较小，适合建造海滨的木板路和与地面平齐的平台结构。但对于构件尺寸较小且没有高度的限制的情况下，台式结构比较适合。

2. 设计要求

平台设计首先应从功能出发，依据功能的要求得出合理的结构预测。通常，作用于木平台的力可分为两种，一种是由构件自重以及附着连接构件的重量所产生的力，另一种是由于活荷载（可变的非永久存在的物体）而产生的力。虽然活荷载是一个变量，但可根据其相应的功能预测变化范围（见表 4）。这往往是对材料和结构作出选择的重要依据。

合理的平台设计还应来自于对场地情况的认真考虑，当地的气候以及地形土壤情况都会对平台的设计产生极大的影响。例如，地处寒冷地区的木平台就需要考虑计算大雪产生的压力。

表4 不同用途平台建议活荷载

平台种类	活荷载（kg/m^2）
居民区平台	195 ~ 290
公共平台	390 ~ 400
人行桥	490
小型车辆桥	980 ~ 1470

3. 木平台基本构成及构件尺寸

木平台的结构设计恰好与建造过程相反，下层构件的间隔与上层构件的跨度有关，它的设计在很大程度受材料类型和尺寸的影响。可根据其相应的决定要素利用图表，由上至下得出各个构件的合理尺寸。

(1) 铺面板

铺面板是指可供人们使用的最顶层部分，并将它所承担活荷载重量传递给其下的构件。它所使用的材料及尺寸决定其下的托梁或梁的间隔。铺面板的最大跨度，随种类和平台大小有所调节（见表5）。铺面材料一般为固定规格，厚度不小于30mm，考虑木材翘曲，一般宽度不超过150mm。木材吸收或排出水分要发生一定尺寸的胀缩，板间应留有3 ~ 6mm的间距，具体数值根据木材的含水量和失水之后萎缩的情况来决定。

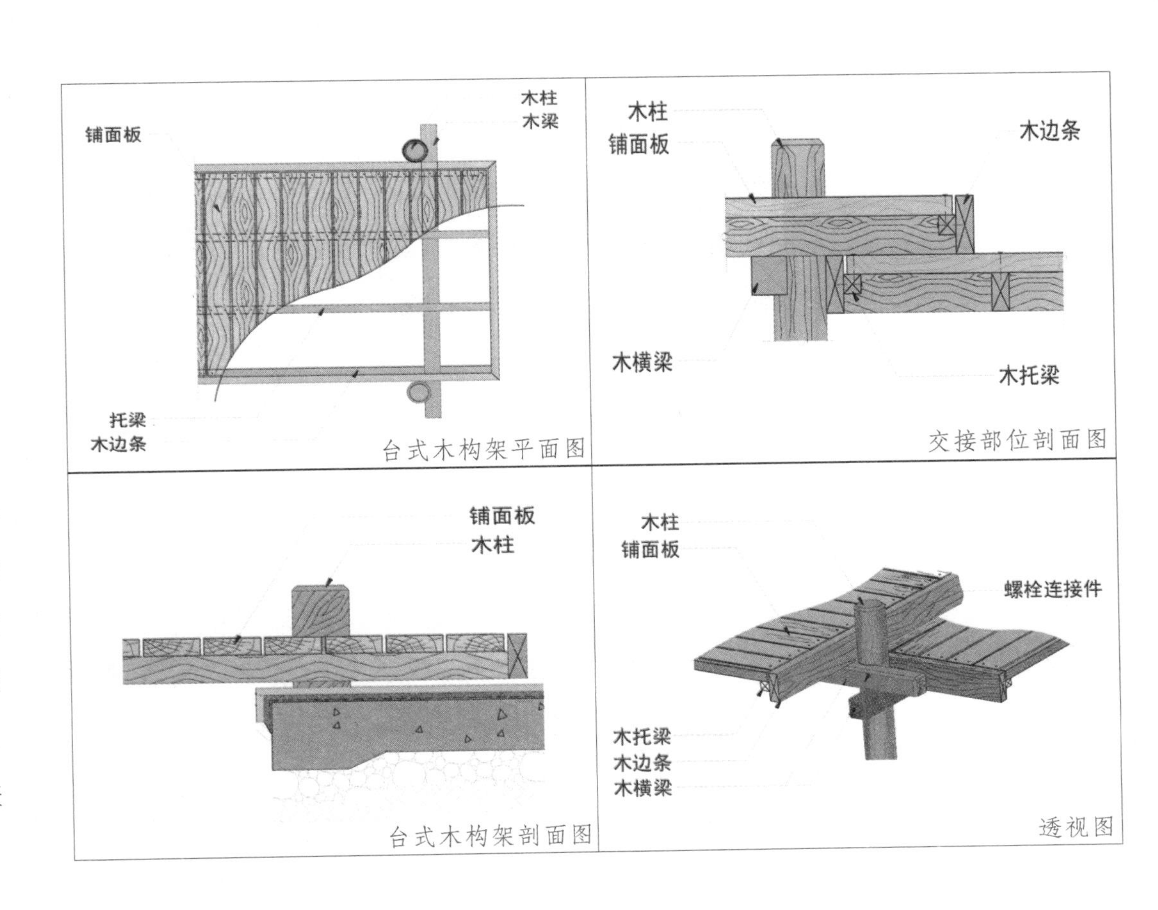

台式木构架平面图

交接部位剖面图

台式木构架剖面图

透视图

(2) 托梁的跨度

托梁是在台式结构中，将铺面板上的重量传递给梁的构件。托梁之间的间隔由铺面板的最大跨度决定，应满足铺面板的跨度要求。托梁的跨度，是指梁与托梁相交支点之间的距离。当托梁的尺寸和材料类型被确定，托梁的跨度也就确定了（见表6）。

(3) 梁的跨度

梁是直接将木平台上的固定力与活荷载传递到柱和基础上的构件。梁的跨度是指支撑梁的两个柱间的距离（见表 7 ），对于组合梁的跨度，需要进一步计算，若是两个平行且互不相连的梁，需要按单个梁的尺寸进行计算。对于那些有相互连接的梁，应依据连接块的数量，相应地增加它们的支撑能力，但一般小于相同尺寸实心梁的承载能力。

(4) 柱的尺寸

柱的尺寸一般指根据柱的截面尺寸和间距，选择柱的高度（见表 8）。柱的高度选择，在满足结构要求的同时还应考虑其比例是否与整体和谐，例如 10 mm × 10 mm 的高柱若用于较大的平台就会显得过细而不和谐。为增加“视觉强度”和增加使用者的安全感，木柱一般比计算出的预期荷载要求的尺寸要大。

较为合理的木平台基础是支墩式，此种基础更能体现木材的透气、透水性，减少平台对周边环境的影响。目前整体混凝土基础在木平台的建造中还常被采用，这不但浪费了原材料，同时使木材优秀的环境效益丧失，而成为纯粹的装饰材料。如果混凝土垫层没有排水的考虑，会造成雨水的滞留而使木材腐烂。支墩式基础方便进行木柱与混凝土支墩搭接处的排水处理。有些情况下木平台需要与地面平齐，即平台与基础之间没有柱的空间，则需要将梁直接与支墩固定。

基础的尺寸取决于它所需承受的结构重量和建设地基的承载能力，可通过计算得出。基础由预埋与柱连接的、金属构的支墩和向外扩大的基座构成，柱通过预埋的金属构件锚固定在基础上，减少潮湿的地面对构件的影响，柱的底部应留有净空。

(5) 支撑构件和挡板

支撑构件和挡板一般用于加强构筑物的稳定性，特别是在构筑物自承重时。支撑构件和挡板一般是通过限制构筑物在侧面上发生水平位移而起到稳定作用，对于高度超过 1.5m 的竖直支撑构件和拐角处都应进行加固处理。

挡板在台式构架中比梁板构架更为常用。对于大跨度的托梁，使用支撑构件可以保证避免水汽侵蚀的影响，并且保证连接节点不会因过多的螺栓或钉子而失去效果。其常用的形式有“Y”“V”“K”“X”形，考虑美学的因素，在使用时应该注意它们的形式与整个设计协调一致。

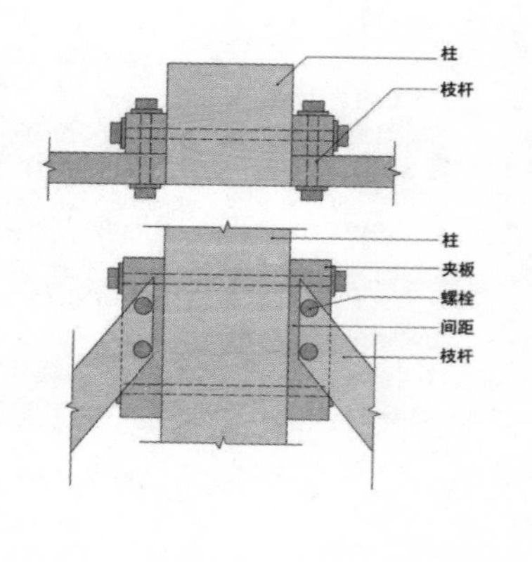

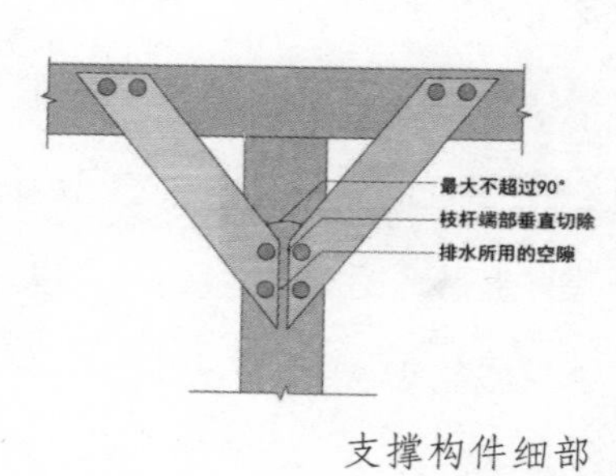

支撑构件细部

表5 铺面板最大跨度（mm）

种类 \ 高x宽（mm）	25×150	50×75	50×100	50×150
花旗松、落叶松、南方松	600	700	800	1200
铁杉木	400	600	700	1050
西黄松、北美红杉、西部雪松	400	600	600	900

表6 托梁最大跨度（梁间距）（mm）

种类	托梁规格（mm）	动荷载为196kg/m^{2}时的托梁间距（mm）		
		300	400	600
花旗松、长叶松	50×150	3100	2825	2350
	50×200	4100	3725	3050
	50×250	5 225	4625	3775
	50×300	6000	5350	4375
Hem-Fir，SPF SPF（south）	50×150	2750	2500	2175
	50×200	3625	3275	2850
	50×250	4600	4200	3475
	50×300	5600	4950	4050
西黄松、北美红杉、西部雪松	50×150	2650	2400	2100
	50×200	3500	3175	2650
	50×250	4450	3975	3250
	50×300	5325	4600	3775

表7 梁最大跨度（柱间距）（mm）

种类	梁规格（mm）	动荷载为 196kg/m² 时的梁间距（mm）								
		1 200	1 500	1 800	2 100	2 400	2 700	3 000	3 300	3 600
花旗松、长叶松	100×150	2 100	2 100	1 800						
	100×200	3 000	2 700	2 400	2 100	2 100	1 800	1 800	1 800	
	100×250	3 600	3 300	3 000	2 700	2 400	2 400	2 100	2 100	2 100
	100×300	4 200	3 900	3 300	3 300	3 000	2 700	2 700	2 400	2 400
	150×250	4 500	3 900	3 600	3 600	3 600	3 300	3 000	2 700	2 400
	150×300	4 800	4 800	4 500	4 500	4 200	3 600	3 300	3 000	3 000
Hem-Fir，SPF SPF（south）	100×150	2 100	1 800							
	100×200	2 400	2 100	1 800	1 800					
	100×250	3 300	3 000	2 700	2 400					
	100×300	3 900	3 600	3 000	3 000	2 700	2 700	2 400	2 400	2 100
	150×250	3 600	3 600	3 300	3 000	3 000	2 700	2 700	2 400	2 400
	150×300	4 500	3 900	3 600	3 600	3 300	3 300	3 000	2 700	2 700
西黄松、北美红杉、西部雪松	100×150	1 800								
	100×200	2 400	2 100	1 800	1 800					
	100×250	3 000	2 700	2 400	2 400	2 100	2 100	1 800	1 800	1 800
	100×300	3 600	3 300	3 000	2 700	2 700	2 400	2 400	2 100	2 100
	150×250	3 600	3 600	3 300	3 000	2 700	2 700	2 400	2 400	2 400
	150×300	4 500	3 900	3 600	3 300	3 300	3 000	2 700	2 400	2 400

表 8 柱子的最大高度（mm）

种类	柱规格（mm）	动荷载为 196kg/m² 时的柱承载面积（m²）								
		75.6	86.4	97.2	108	118.8	130	140	151.2	162
花旗松长叶松	100×100	2 700	2 400	2 400	2 100	2 100	1 800	1 800	1 800	1 800
	100×150	3 300	3 000	3 000	2 700	2 700	2 400	2 400	2 400	2 100
	150×150	5 100	5 100	5 100	5 100	4 800	4 800	4 500	4 200	3 900
Hem-Fir SPF SPF（south）	100×100	2 700	2 700	2 400	2 400	2 100	1 800	1 800	1 800	1 800
	100×150	3 300	3 300	3 000	2 700	2 700	2 700	2 400	2 400	2 400
	150×150	5 100	5 100	5 100	5 100	4 800	4 500	3 900	3 600	3 000
西黄松、北美红杉、西部雪松	100×100	2 100	2 100	1 800	1 800	1 500	1 200			
	100×150	3 000	2 700	2 400	2 400	2 100	2 100	2 100	1 800	1 800
	150×150	5 100	4 800	3 900	2 100					

4. 主要构件的连接

平台上活荷载的活动使构件连接处受到剪力作用，因此构件连接以栓连接为主。

柱与梁的连接方式常见的有三种，其中 A、B 将梁直接置于柱上，梁的重量直接由柱承担，是较为合理的受力关系，但增加了平台的高度。而 C 由梁传导的重量部分由连接构件承担，容易造成连接构件由于受力过大而损坏。

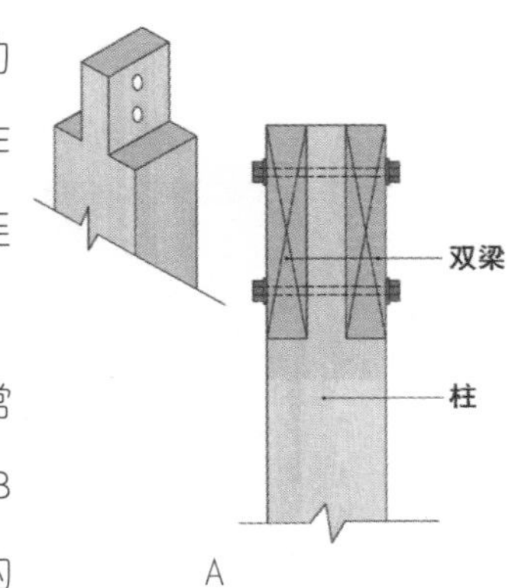

A

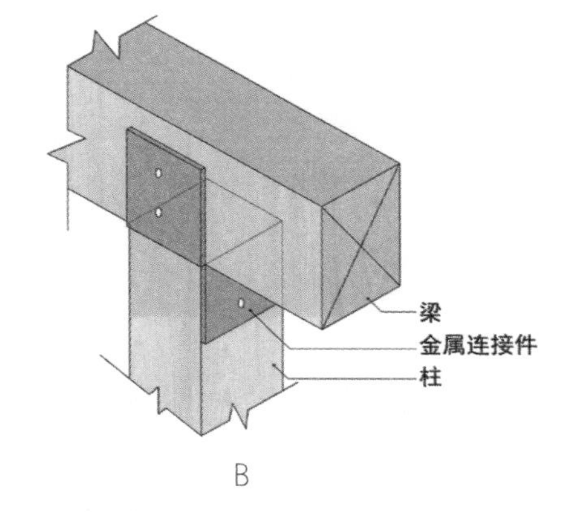

B

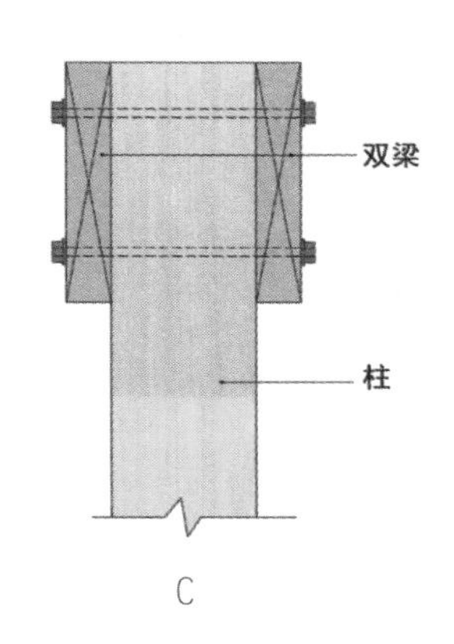

C

梁柱连接方式

当平台与建筑相接时，需要借助与连接建筑表面平行的横木，它虽然不是真正意义上的梁，但起着和梁一样的作用，用于固定铺面板以及承担它的重量。横木通过螺栓与建筑的托梁固定，与平台托梁固定则借助金属的托梁吊架。

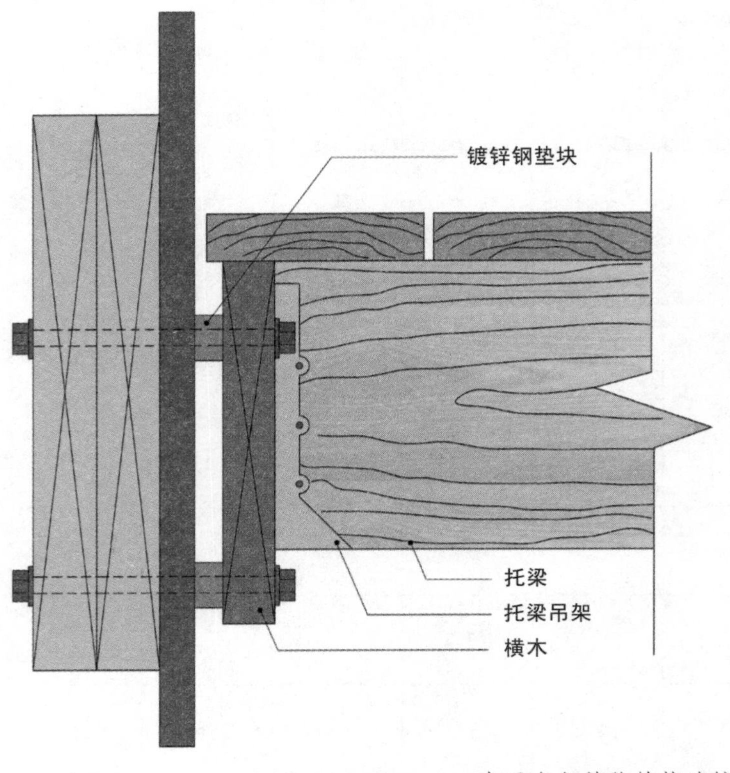

木平台与其他结构连接

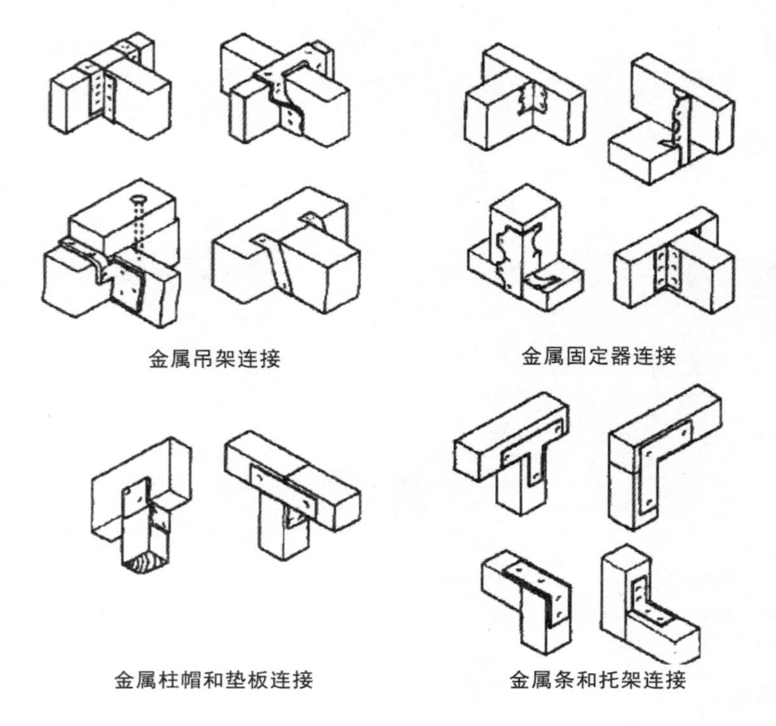

框架连接方式

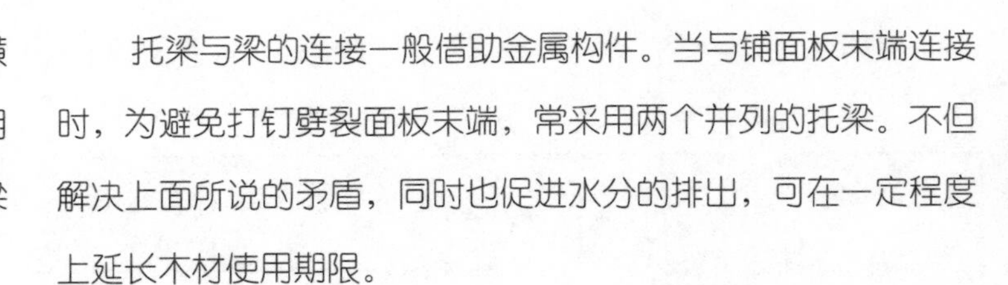

托梁与梁的连接一般借助金属构件。当与铺面板末端连接时，为避免打钉劈裂面板末端，常采用两个并列的托梁。不但解决上面所说的矛盾，同时也促进水分的排出，可在一定程度上延长木材使用期限。

铺面板与托梁或梁连接时常使用螺钉，由于圆钉容易在连接过程中破坏木材，一般不使用。当在木材的端部打钉时应把尖头磨钝或事先在木头上打孔，避免木头在末端开裂。

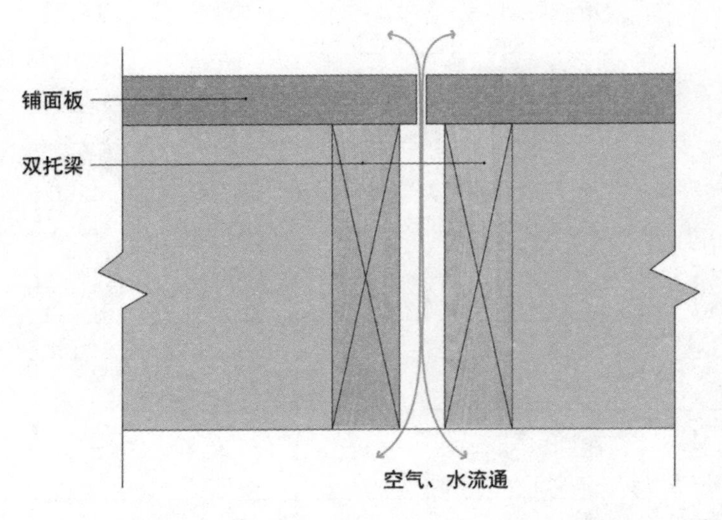

托梁与铺面板的固定

台阶的纵梁需要固定在木平台的结构框架和地基上，其上部借助托梁吊架与平台的边托梁固定，下部利用预埋的钢条与地基固定。为减少潮湿地面对构件的影响，与地面空隙间应加垫木保持一定净空距离。平台栏杆的立柱应与结构框架以螺栓固定。

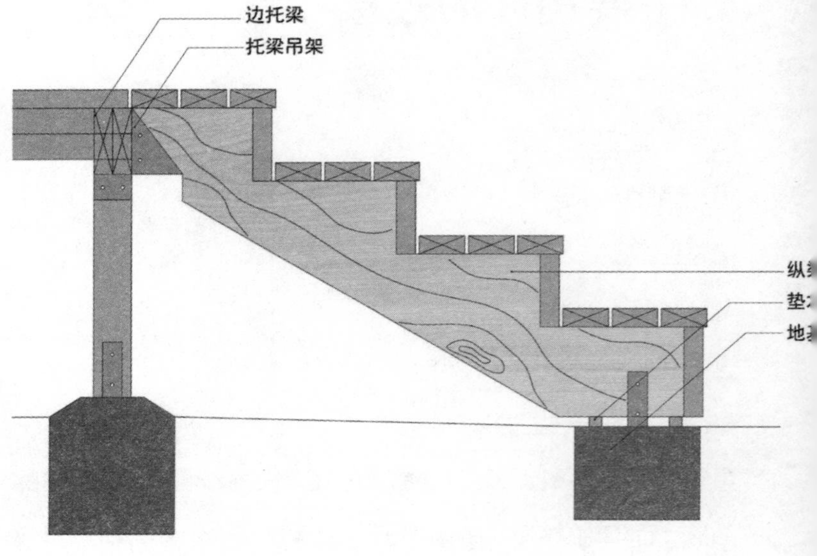

踏步与平台的固定

5. 细部设计

铺面样式

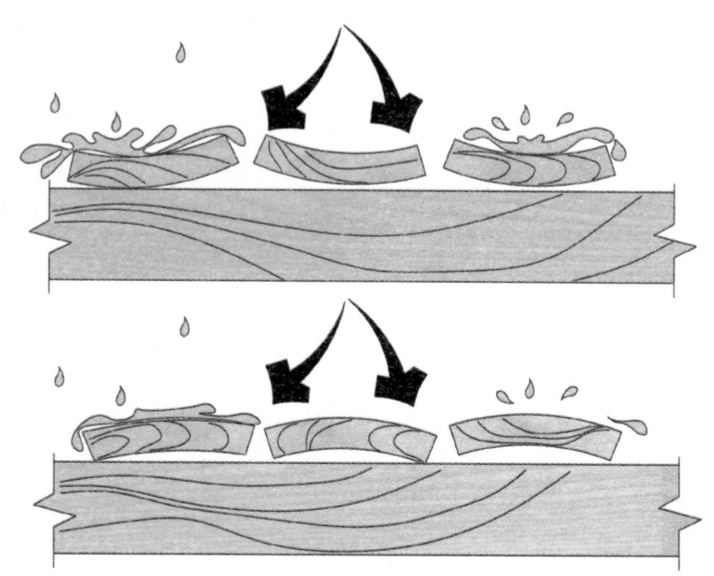

利用平台上的荷载来减弱木材的弯曲

平台细部设计多是由一些特定的功能产生，可归类分为：

(1) 减少水分对材料影响的细部设计

当柱子延伸穿越铺面板时，为防止水分渗入，柱暴露的上端常切为斜面或加柱帽覆盖。当梁由两块梁板构成时，为防止梁板间积水，可间隔一定距离用经防腐处理过的木头块间隔以螺栓固定，通过空气的流通促进水分快速蒸发，避免由于积水造成腐烂。木块间隔的距离在 600mm ～ 900mm，具体由梁的尺寸决定。

(2) 来自于构件自身存在的缺陷或限制，而进行的“趋利避害”的细部设计

当铺面板的材料为短木时，由于短木会形成较多的连接点而影响美观，可有意识地利用一些拼花处理来缓解此种缺陷。以铺面板来拼贴各类图案是没有止境的，但存在一些基本规律，可以此为依据创造与整体和谐的铺面图案。铺面板与平台长轴垂直，可在视觉上减少平台的长度增加宽度。

铺面板明显的边缘处理可强调平台的结束，增强其完整性。面积较小的平台适合使用简洁的图案，复杂的图案累赘而多余。选用与平台呈对交线关系的图案，最好使这条对交线与周围环境中的一些线形存在关系，如与建筑的方向、平台上花坛的走向平行，这样可避免生硬和突兀的感觉，创造和谐的景观。

复杂的图案往往使木材上天然的缺陷被凸显出来，因此应该选用优质的板材，或用表面的涂层处理来弱化。有时铺面板使用拼花的图案并不是由于材料的限制，而是想展现有趣、精巧的设计。在设计铺面的同时应该考虑合理的结构框架，一般来说，铺面板应至少与两个托梁搭接才可保证结构的稳定。

由于板材易发生拱形弯曲，应根据木材的纹理预测拱形弯曲发生的可能方向，在铺设时将拱曲发生的方向与承重方向相反，利用压力减少木材的变形，有利于水分的排出。

构件的尺寸以及基地的情况决定平台的结构形式。由于平台各个构件相互关系存在一定的规律，因此构件的尺寸可根据前人的总结查表求得。平台上活荷载的活动使构件连接处受到剪力作用，因此连接以栓连接为主。铺面板与梁或托梁连接处，一般采用双梁，可解决连接中钉太靠近铺面板的边缘、操作中容易损坏构件的问题。细部处理主要具有两方面的作用，一方面是为减少水分对构件的影响，主要用于无抗腐蚀能力的断面的保护和处理，组合构件连接处利用空气流通来减少水分停留的时间；另一方面是通过一些处理来弱化构件本身的一些缺陷，以减少对形式和功能的不良影响。

“改变心脏”日间护理中心开放空间

Open Spaces Day-care Centre 'Sinneswandel'

建筑 / 室内设计：baukind

作者：Thilo Folkerts, Elisa Serra

面积：1300 m^2

地点：德国柏林

Architectural /Interior Design: baukind

Authors: Thilo Folkerts, Elisa Serra

Size: 1,300 m^2

Location: Berlin, Germany

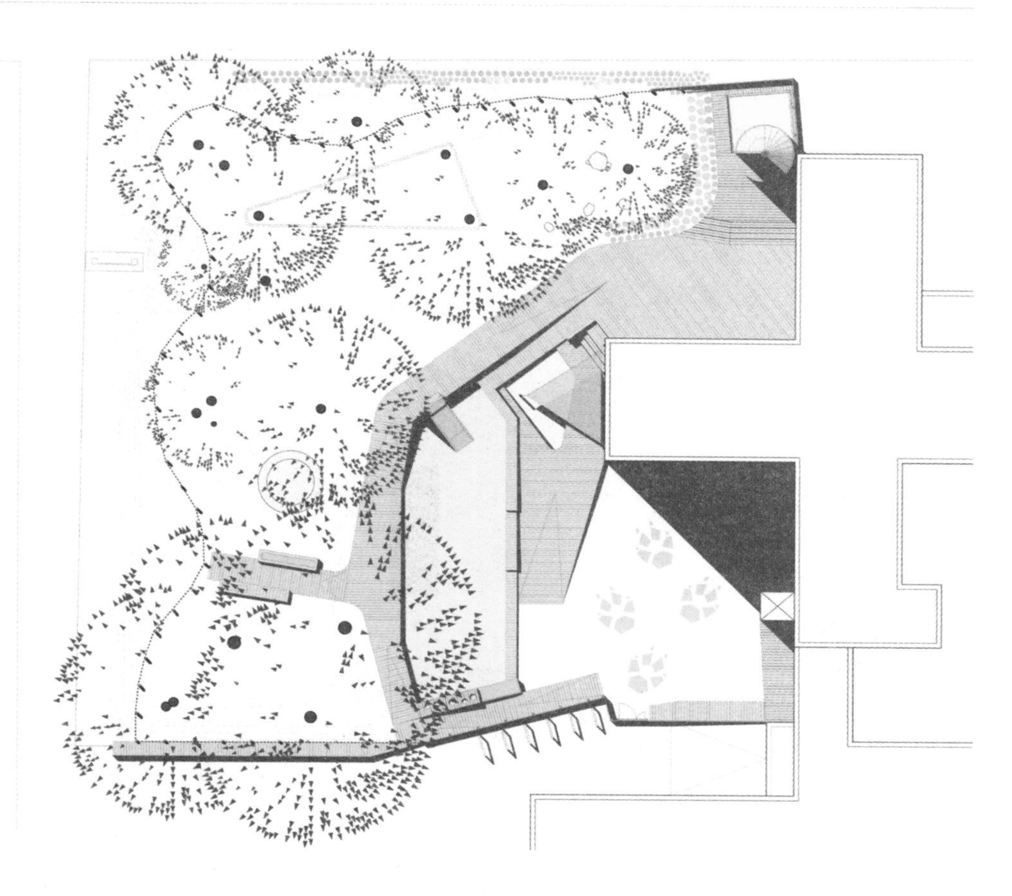

木材应用分析

该项目是为语言障碍人士提供的户外活动空间，设计师利用高低起伏的木质平台过渡了坡地到建筑的高差，同时串联起不同的活动空间。有高差的平台丰富了室外空间的层次，在三种互补的概念性空间内，小朋友爱玩的天性得到释放，在攀爬、跳跃的过程中得到锻炼；项目还采用了木坡道代替台阶，增强景观的安全性并方便轮椅使用者。蓝绿色作为当地聋人文化的向导色被涂刷在木条上，给我们带来很多启发：木质景观在色彩的选择上能否更多地考虑当地或使用人群的文化特殊性？

“改变心脏”日间护理中心是一间为多达 65 位说德语或使用德国手语的孩子而设的兼容性双语种公共机构。2013 年底，机构搬迁到原海伦·凯勒学校旧址，那里从 1971 年起一直作为语言障碍人士的特殊学校。这一块经过重新设计的约 1 300 m² 的日间护理中心开放空间，仍旧是 Waldschulallee 广阔校园不可分割的一部分。经过重新设计的原运动场和邻近区域，使日间护理中心具有了宽阔的户外空间，以赋予、培养和发展孩子们的潜能和能力。设计的主要目标和策略是激活该地区的活力，基本原则是简易性和适应性。最初的构想是设计一个开放的空间结构，通过视觉延伸来呼应开放空间的不同分区。

开放空间设计将既定情境发展成三种概念性区域："森林"、"城市庭院"以及"城市木甲板"。三种区域的交织和互补创造了空间情境的多样性。在布满土墩的草坪上，任由橡树、马栗树和桦树林子生长作为"森林"，孩子们可以在这样一个自然的环境中活动、探索和游戏。原运动场的城市沥青表面作为活力游乐场，可以让孩子们在上面驾乘儿童车和三轮车、进行球类运动或者在柏油碎石路面上画画。"森林"起伏的地形和覆盖"城市庭院"的沥青之间由"城市木甲板"的坡道和平原所连接。

甲板宽阔的表面和丰富的高差，连接着一系列空间和游戏区域。甲板的游戏和移动角在空间和概念上连接了所有添加元素和表面：在它们之间有两个沙箱、一处铺有安全砾石的游乐设备区、一些椅子、一座攀爬架、一块黑板、一张水泥桌和进入花坛的道路。砾石区只设置了一座滑梯，而这里往后或许会放置额外的游乐设施，并像现在这样保持开放。庭院内道路涂鸦了动物足迹的图案，使得建筑内部的围墙更加生动活泼。

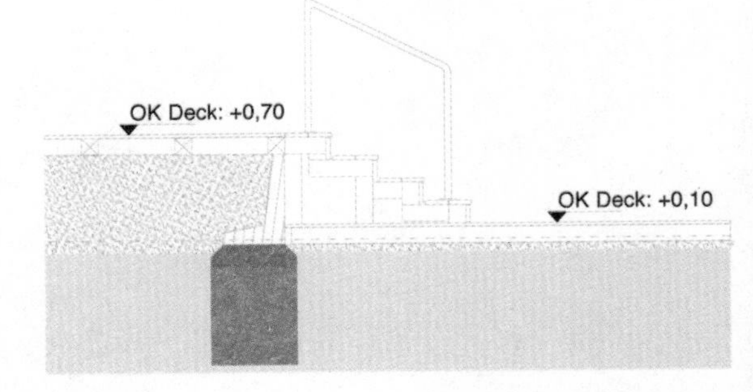

甲板梯级背面细节

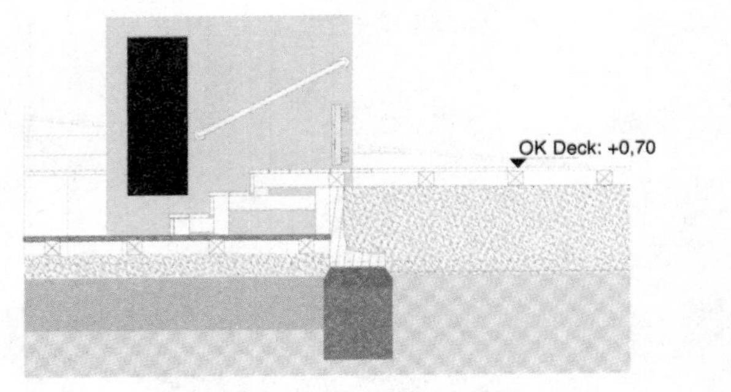

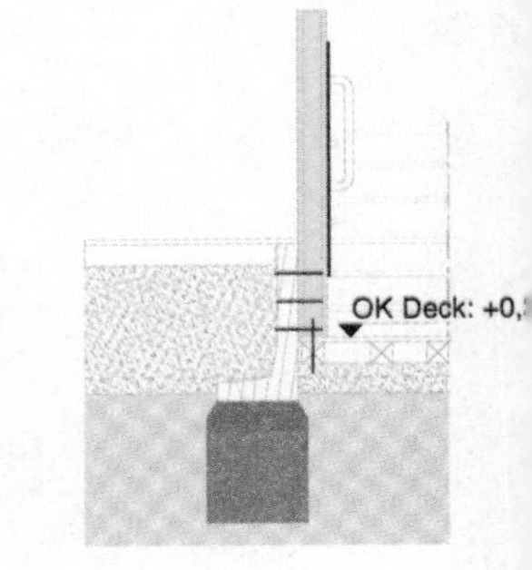

土钉墙梯级细节

特殊的空间条件有助于促进双语交流。例如，开放空间的设计保证了整个区域开阔的视野，弧形边缘和环形路线的可能性同样在本质上促进了视觉交流。充足的木甲板区域使得身体活动通过甲板振动产生强烈的知觉。坡道可以让人到达所有地带。坡度和高差同样为小孩带来了积极的挑战。例如，最低45 cm的台阶结合到游戏角中，将初学走路的孩子（1~3岁）从活动区（3~6岁）之中分隔开来。一般而言，空间和设施的多样性能促进运动和满足孩子分享体验的需求。

日间护理中心开放空间位于布满树木的校园中央，一条透明、柔韧的不锈钢纤维栅栏自如地穿过起伏的地形，并分隔了日间护理中心和环绕着周围不同学校的大规模校园。这是中心内外之间开放层次的环境和背景。栅栏作为某种程度上的游乐向导，周长满足了建筑的需求之余，变成了保护性的阻隔视线的木墙。栅栏的一些元素被涂成蓝绿色——聋人文化中的向导色。这些设计旨在将口语和视觉语言结合到一起，让孩子们有机会在活泼的手语文化中边游玩边培养他们的身份认同感。

项目是在与中心主人和教师开放式的对话中发展起来的，对话中涉及到的针对聋哑儿童教学的经验、要求和必要性被设计师收集起来成为设计的基础。项目针对不同的教师有着特殊的设计，相应地在一些情况中也会进行修改。项目有关材料稳定性和建筑标准的执行与说教原则互相关联，处理儿童在集体中的个性化需求。于是，设计的简易性由客人、教师和规划人员之间十分顺畅和公开的对话所促成。设计的可能性，以及对儿童的自我意识和自我责任的尊重，到最后在聋和非聋儿童中得到了同样振奋人心的结果。

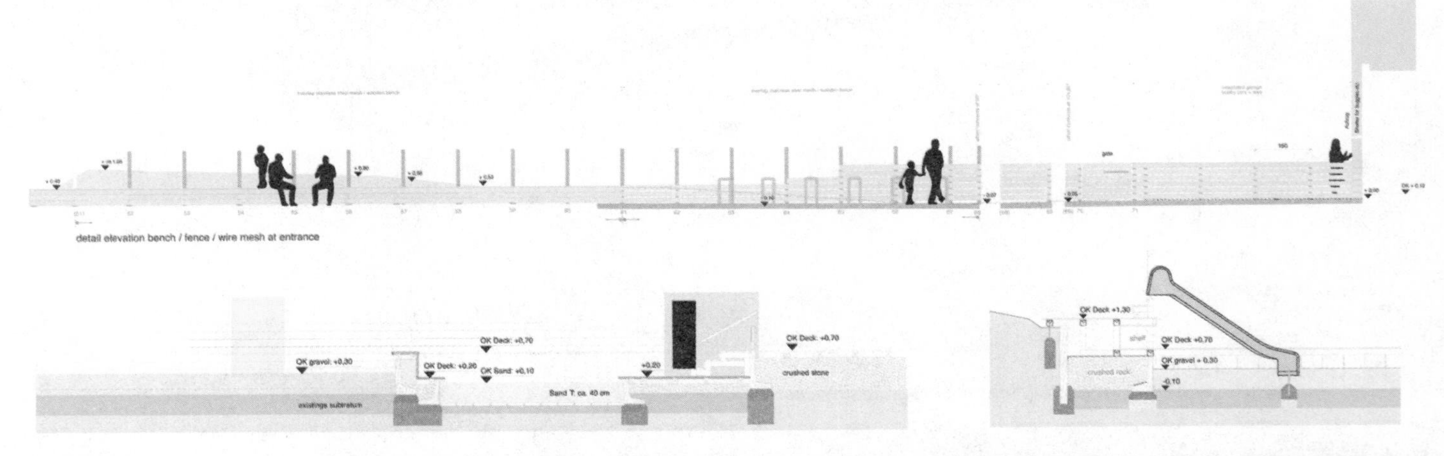

- 0,15
+ 0,45
+ 0,30
+ 0,63
+ 0,40
+ 0,40
+ 0,45
- 0,15
+ 0,45
+ 0,15

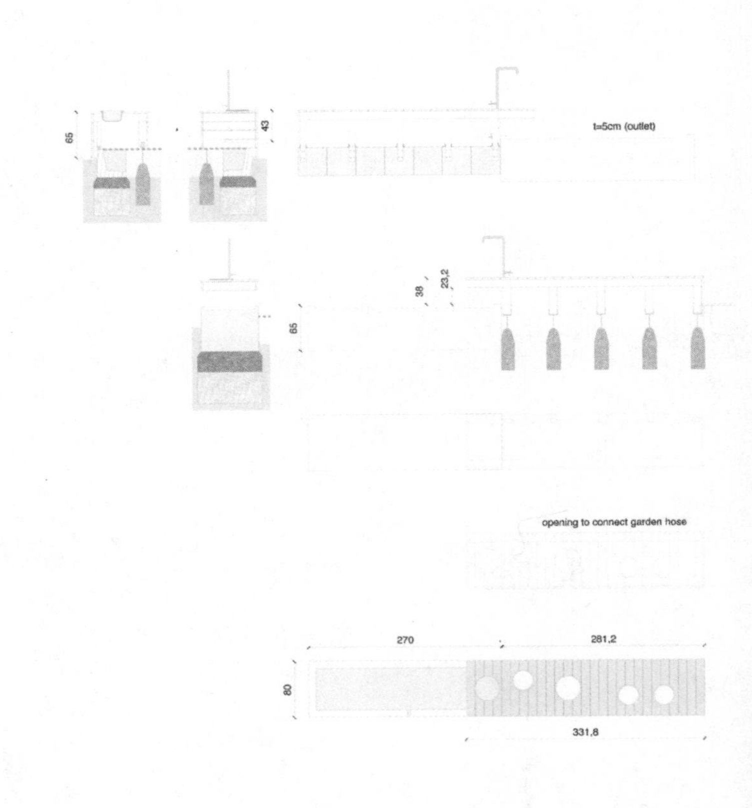
65
43
t=5cm (outlet)
65
38
23,2
opening to connect garden hose
270
281,2
80
331,8

因小而美

Small is Beautiful

项目设计：Michael Van Valkenburgh Associates Inc.

地点：美国新泽西州米尔本市

Design Architects: Michael Van Valkenburgh Associates Inc.

Location: Millburn, New Jersey, USA

木材应用分析

这个设计将木材的质感体现得淋漓尽致。纵向剖切的木条在经过处理后镶嵌在地被植物中，看似随意地铺成园中小径，再经过周围点缀的青苔、鹅卵石、水仙花等，散发出浓浓的原始味道。木材断面的平滑质感与乔木树干具有的沧桑质感形成强烈的对比，在面积有限的中庭中创造出无限的森林景象，将原始自然的气息吹进冰冷沉闷的工作场所中。在庭园中工作、阅读，给人带来宁静的心灵感受。两个中庭皆采用了同一种设计语言，保持了景观统一性。

该项目证明了良好的设计依旧可以运用于一个小的景观建造中。这个微小的庭院利用仅仅 185 m^2 的绿色点缀了 20 903 m^2 的郊外工作区，为这处工作场所的日常生活带来阳光和雨露从本质上改变数以百计人员的工作环境。

我们的设计展示了如何在有限的场景中营造出无穷的感觉。我们选择处理材料的触感、特性以及它们的布置，来强调庭院里小气候之间的差别——在冬季日照充足的西庭院里建造一个阳台，在另一个庭院的夏天有遮阴的地方建造第二个阳台。一条原木组成的“河流”被当作行走小道，同时在精神和物质层面连接起两个庭院。收割自当地的原木被加宽以形成坐阶，营造出抽象的森林地被这一概念。

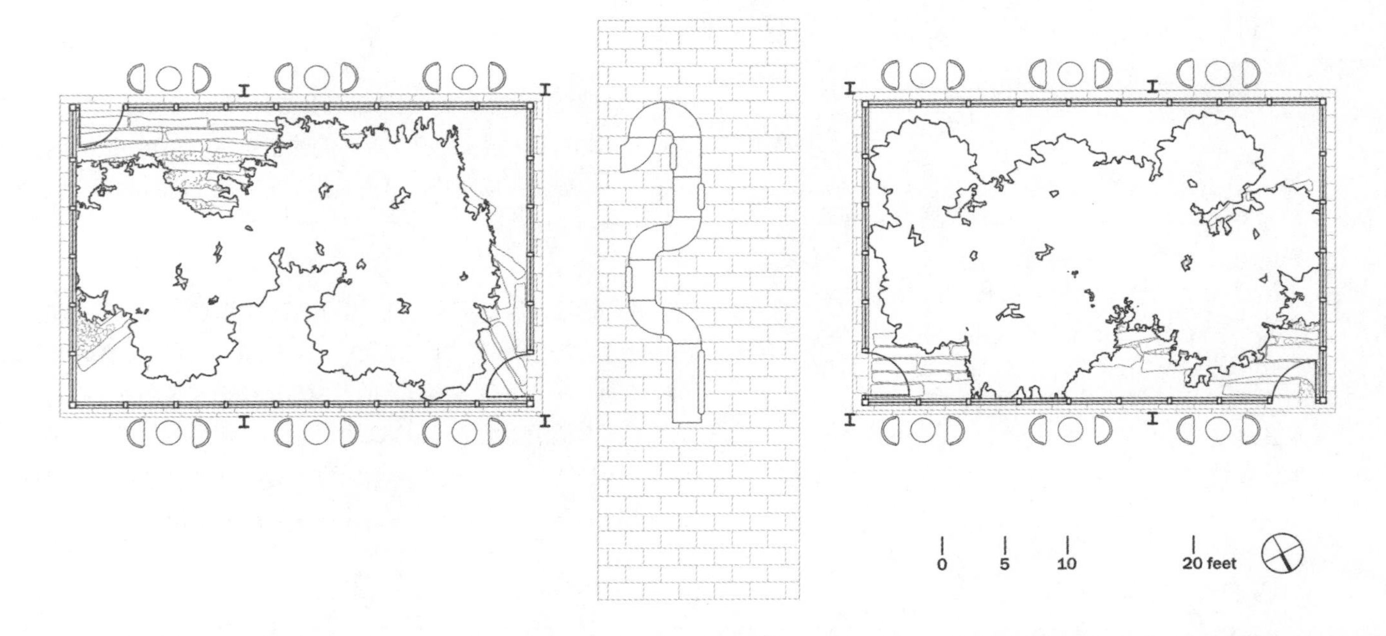
0
5
10
20 feet

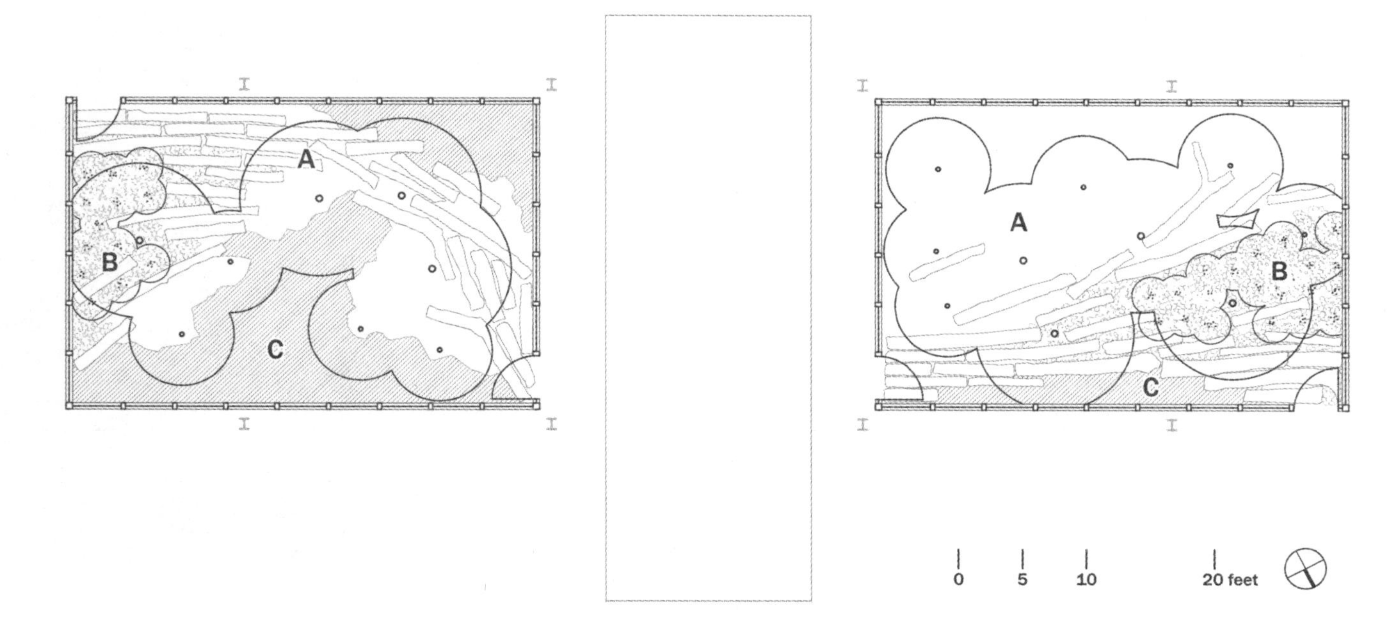
A
B
C
A
B
C
0
5
10
20 feet

在建造庭院时，设计师将屋顶结构拆除，使天空和自然能够深入渗透到建筑里。中庭的精心布置的两座庭园成为进入工作环境后第一时间体验到的景色。

业主 Tahari 先生位于纽约市的工作区因景观和感性材料的应用与众不同而闻名，他希望为这个郊区建筑增添同样的感觉。玻璃外墙庭园让人在经过、看望或者工作时，会有一种广阔无限的体验感。

这个项目利用 1/100 的楼层面积来改变普通工作环境带来的枯燥感觉，而由于有成千上万的美国人在类似的环境中度过他们的每一天，所以我们认为此项目能作为一个特殊的例子起到抛砖引玉的作用。

开折阳台
Unfolding Terrace

项目设计：Terrain NYC　　Design Architects: Terrain NYC

地点：美国纽约市布鲁克林　　Location: Brooklyn, New York City, USA

木材应用分析

该屋顶花园的设计概念为连续而折叠的表面，通过木平台的高差去营造出“折叠”的效果，利用被“折叠”的空间藏匿屋顶的通风管等设备，并留出储物的空间。为了突出平台层级，平台侧面嵌入树脂板灯具，与木平台的颜色材质区分开来，提供夜景的灯光照明，以增加平台在夜间的使用安全性，同时也渲染屋顶花园的氛围。植物搭配在这里也显得特别重要，耐旱的原生桦树搭配喜阴的蕨类植物，在打造出四季常绿的植物景观同时，形成的生态系统也有助于促进生物多样化。

为了颂扬城市的壮观景象，一座名为开折阳台的城市屋顶景观，与其所在城市工业景观的样貌相融合，营造出花园式的生活空间。表面呈现折叠状的木平台铺满屋顶，划分了空间的大致结构。这片屋顶景观以一座特殊定制的诗墙，展现了城市中自然的一种新理念——通过文化、艺术与城市自然景观进行调和。

屋顶阳台设计的哲学是为了颂扬城市的景象，让生活景观彻底整合到都市生活的动态组织之中。阳台景观丰富了城市生活体验，从周围的屋顶景观中汲取灵感，并不断地将城市外部景色与私密性和围闭性的内部感觉相融合。空间的体验在阳台空间的私密性和外部城市景象之间振动摇摆。

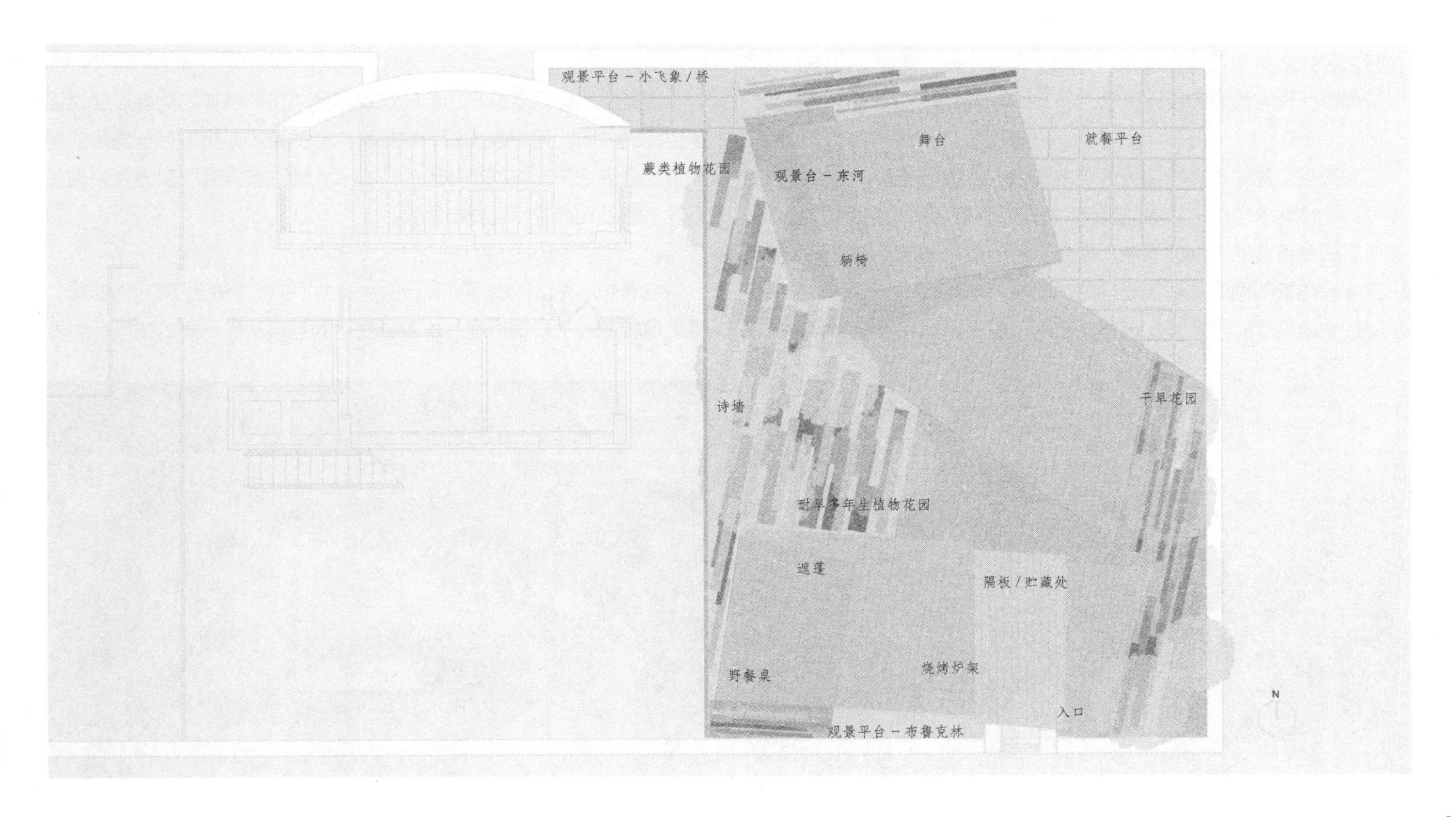

委托人对场地积极而多样化的使用得以凸显屋顶花园的功能价值，包括用作舞会场地、餐饮区、带两用长椅的观景平台、休闲区及花园。委托人参与了设计过程，界定了场地的设计用途，最终生成了以折叠表面作为大纲的设计理念。

露天平台的构想是一块折叠包裹阳台的连续性表面，为委托人的种种功能性需求构造出功能性空间。决定如何使用空间的反复的过程，催生了阳台折叠的表面的想法。露天平台创造空间并将其分解，制造出流线般体验的同时实现了场地的功能性。与此同时，折叠结构掩盖了屋顶的通风管和隔板并生成存储空间，解决了不利因素给设计带来的难题。场地的每一层级都具有一块被照亮的树脂板，突显了层级的变化以及场地的竖向结构——折叠连续的表层。

这一空间体现了基于功能的景观设计，各种各样的功能设施增强了空间的体验。用广告牌标识材料所构造的诗墙，将阳台与周围的屋顶景观分隔开来，将城市体验的规模从大型城市景观改变为私密屋顶景观，然后又重新回到城市体验。

空间的灯光设计增强了阳台的生命力，在夜间激活了空间的同时，将景观转变成了夜间奇观，木平台变化的层级从被照亮的树脂板中发

出光彩。边缘的花圃生动活泼，当阳台上的人们把注意力放在别处时，花圃又将他们的注意力吸引回阳台上，这时阳台上的人们身处黑暗和隐秘之中，调动了彼此的窥视癖——阳台上的人们远望夜景，而阳台之外的人们则被这些流光溢彩的花圃所吸引。

随着城市绿色屋顶大规模策略的实施，开折阳台通过为人类和松鼠等小型野生动物修复原本贫瘠的空间，为城市生态做出贡献，也有助于营造动物栖地和促进生物多样化。在阳光充足的地区，可以在屋顶种植耐旱植物，包括由本地植物、景天草和金光菊组成的花圃。原生的河桦小树林让诗墙上的图案显得更加抽象。阴暗潮湿的地区为蕨类植物的生长添加了多样性。此外，屋顶还装有一套专为低水耗植物而设的灌溉系统。在屋顶，并没有太多空间能用于土壤厚度的铺设，桦树被种植在45 cm 高的花槽中，因此整个屋顶会形成一个遮阴垫，有助于稳固整个小树林，使里面的每一棵树都相互作用进而形成一个生态系统。

创智公园
Kic Park

建筑设计：3GATTI Architecture Studio

项目面积：1 100 m²

地点：上海市杨浦区政民路创智公园

摄影师：Shen Qiang

Architecture firm: 3GATTI

Total floor area: 1,100 m²

Location: KIC VILLAGE Blok8-2, Zhengmin Road, Yangpu District, 200433 Shanghai, China.

Photographer: Shen Qiang

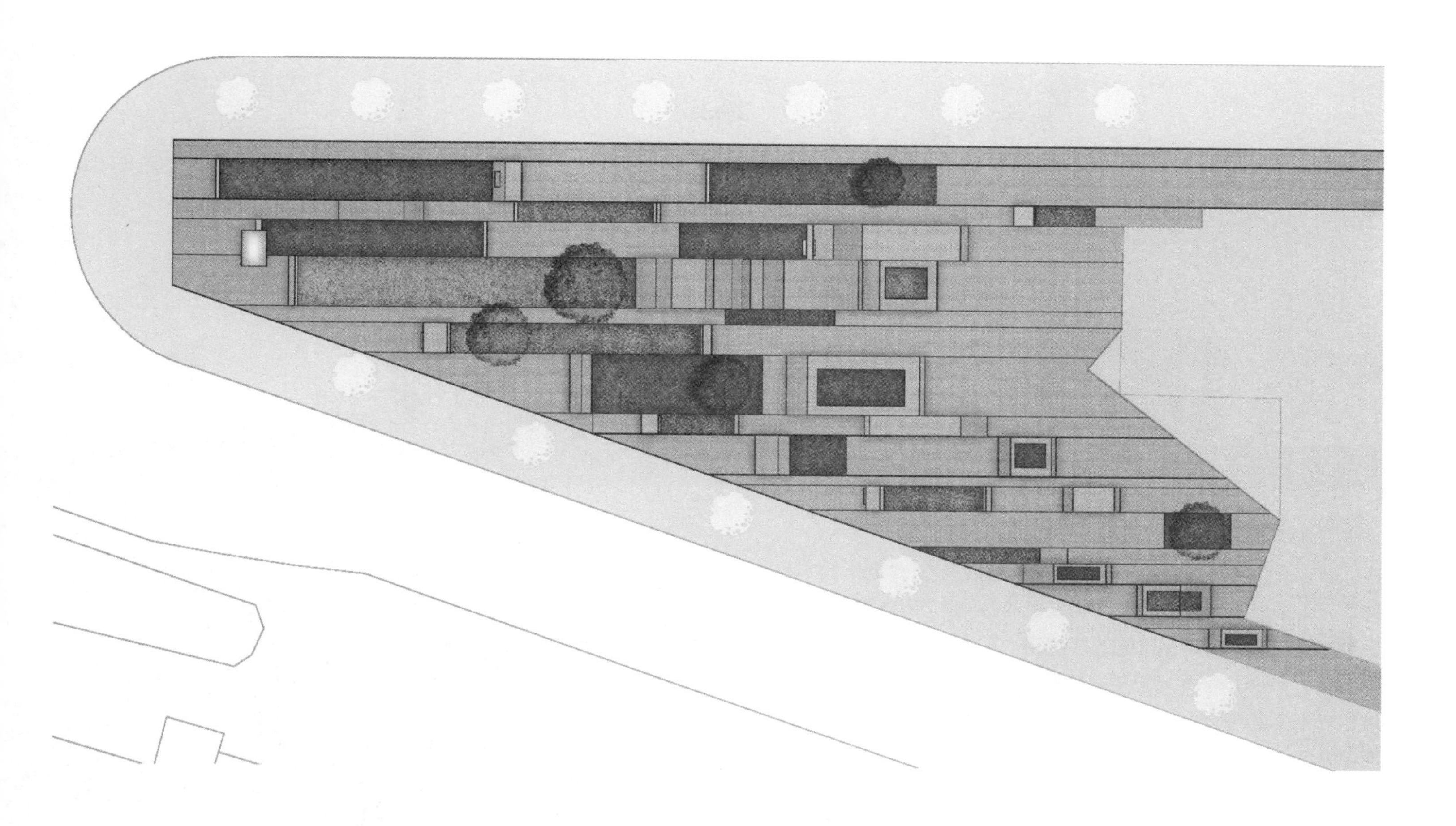

木材应用分析

该项目位于上海的一处城市空地，设计师创建了一块翻折的木制地板，概念与上一个项目类似，却呈现出不一样的风景。项目将场地划分成若干条带状结构，并规划出绿地范围，利用了“折叠”的不同角度，将木材做成了可坐、可躺、可靠的各种空间。由于相邻带的折叠角度不同而形成了不同的高差，木地板延伸到垂直界面最终形成了廊架体系，使公共空间变得丰富起来，并且将广告箱等公共设施巧妙地融入其中。总的来说，这是一处充满活力、动感的城市绿洲。

创智公园位于近年来专为附近复旦大学和同济大学的学生建造的创智坊入口处，作为一块位置显赫的城市空地，居然在快速的城市营造中成了漏网之鱼，这令盖天柯先生大为惊讶。

在他的设计中，总会将某个关键要素作为产生互动的对象：正如此案，互动存在于相关人员（他们的行为和活动）和诸如天气、声音等自然因素对其的影响中。基于这个出发点，建筑师使用的造型手法和材料（由轻盈的金属线网构造的人造吊顶、弧线形式、以面围合的体量、斑驳的饰材和板饰）根据对象和其尺度而变化。有些特殊的处理作为对特定文脉条件的回应而“独一无二”。

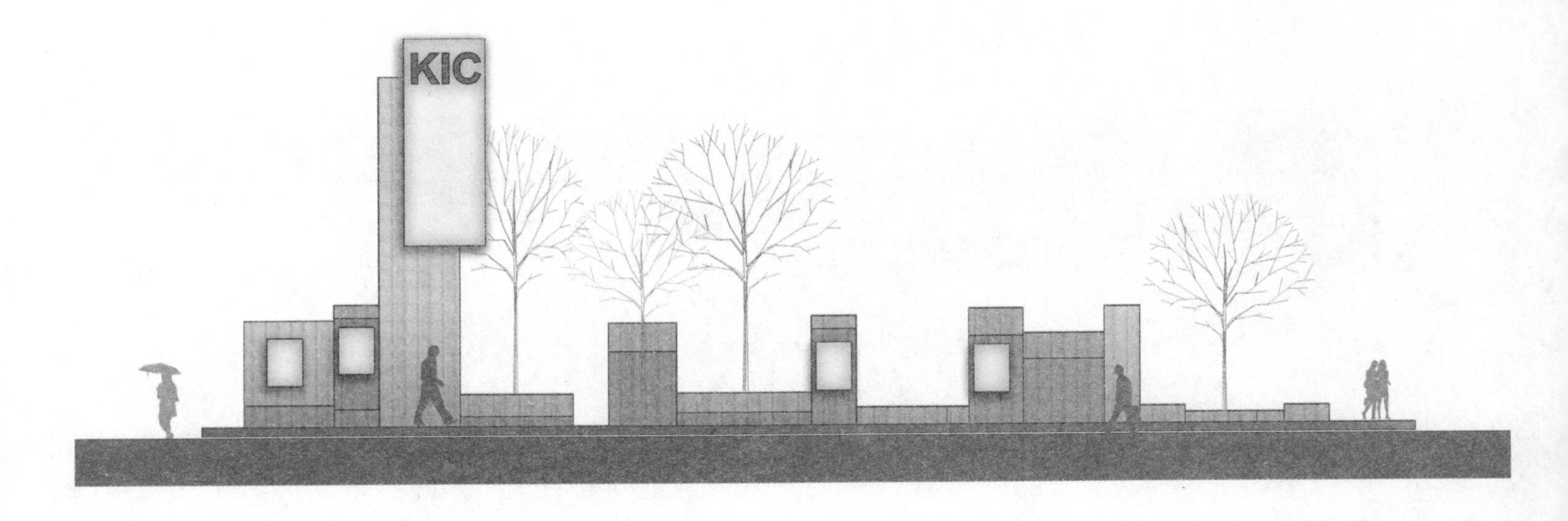

在创智公园这个案例中，盖天柯先生设想出一个翻折的木制地板体系，致力于应对公共场地中不可避免的各种功能(坐具、绿地、步道、公告栏等)。建筑师用于渲染设计思路的形象——如古扇般裁剪翻折的纸片，不由得让人联想起德勒兹对折叠空间特质的渐成性描述，“发展和进化其实是已经改变它们本意的概念，因为如今他们的设计以渐成论为造型基础或运用，既不是预制又不是内置，而是由各种毫不相像的构件组成的有机体和生物器官。”依靠渐成论，有机折叠是从一个相对平整单一的表面通过造型、生产和复制等手段得到的。

通过这种方法，盖先生从一个原生的、无个性的基本形式出发，最终塑造出一个既个性化又具有原创性的结果，他还在那些原本平庸的位置引入了发散性的间隔区域，以帮助人们找到个人空间。建筑师用来覆盖整个表面的材料是最理想的自然材料——木，既灵动又亲和，它会随时间老化而记录当时的自然条件。木板升起之处展现草地、树木交织出的内部生态空间。以这种手段，建筑师预先定义了人们闲聚、休憩甚至进行滑板运动等的特定行为场所，形成一块同时包容集会和发呆、闲聊的公共地毯。

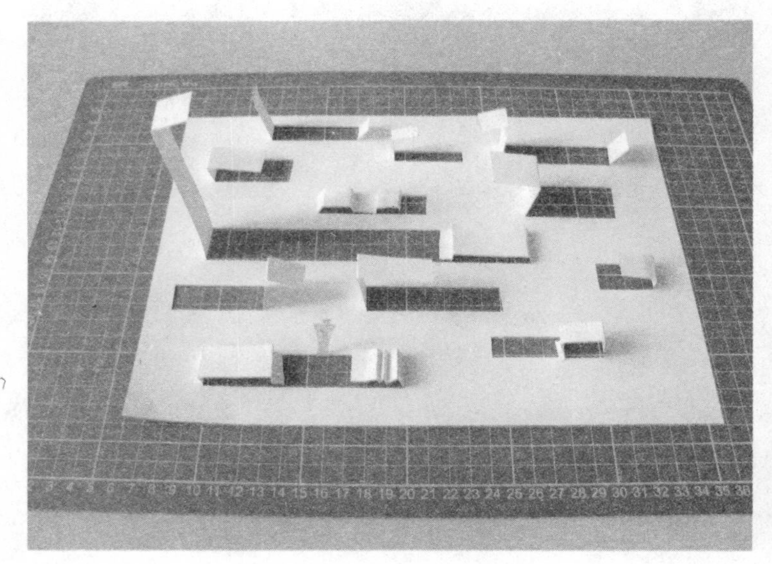

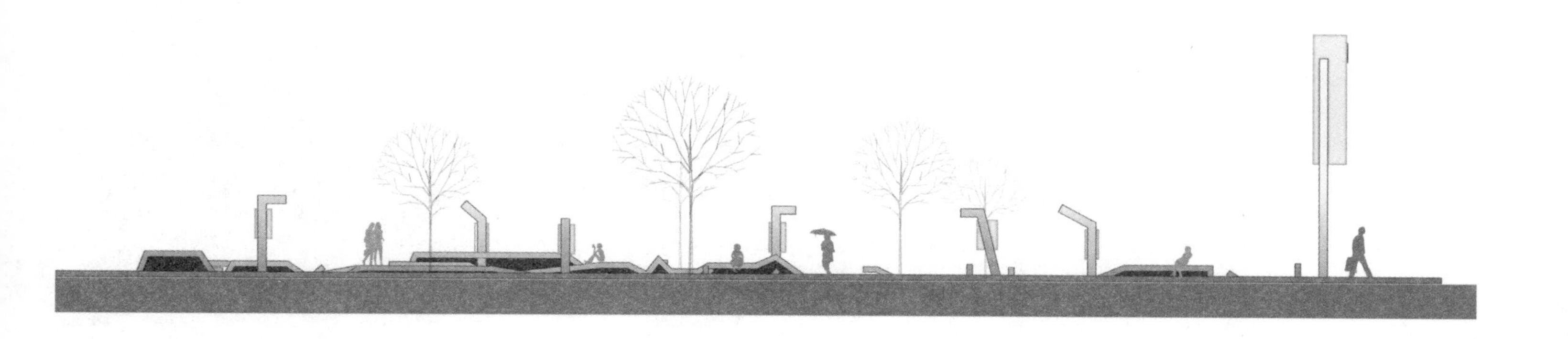

2
创智坊
2
创智坊
低密度花园院馆
CBD之心·舒活领地
65111881

精装空间
2
创智坊
CBD之心
舒活领地

2
创智坊
3000平米
星级会所

阿里瓦斯复原项目

Projecto de Requalificação das Arribas

建筑设计：**Nádia Schilling**	Design Architects: Nádia Schilling
尺寸：**32 000 m²**	Size: 32,000 m²
地点：**葡萄牙地方行政区**	Location: Foz do Arelho, Portugal
摄影师：**João Pombeiro**	Photographer: João Pombeiro

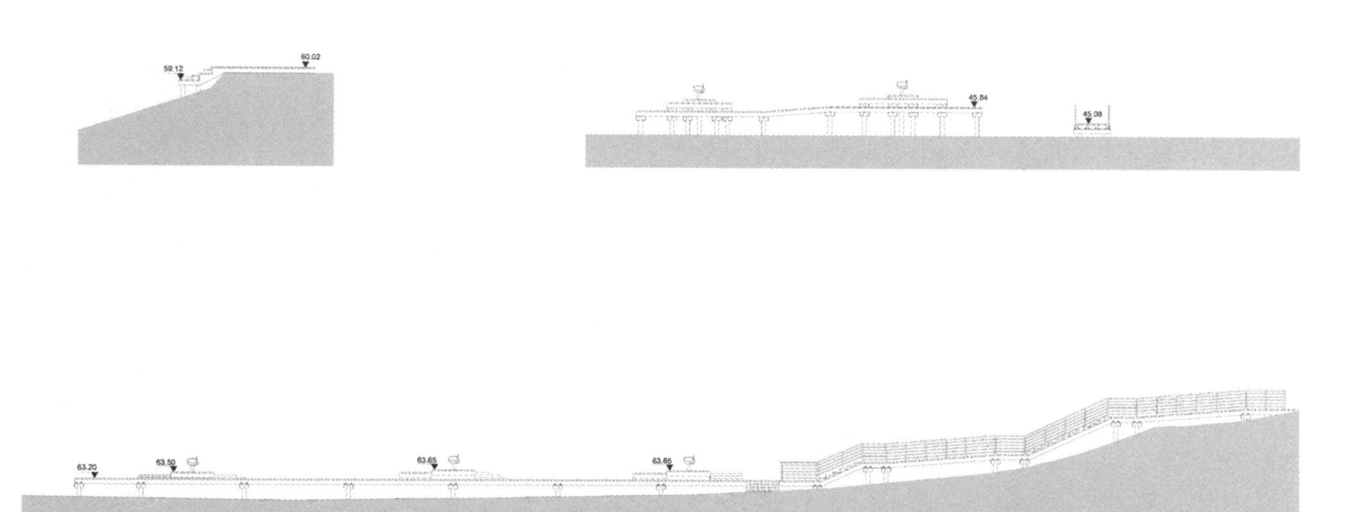

木材应用分析

这是一个完全用木结构建造的心思细腻的项目。在一个曾是危险停车场的、生态敏感度高的悬崖和沙丘上，利用木栈道规划出安全的行走路线同时保护更为敏感的地区不被破坏，并且栈道紧贴地形，几乎与自然融为一体。除了考虑对生态的保护，设计师还设置了几处可供人眺望风景的平台，并且为了保证观景的舒适度，将这些平台建造在离散的地点以避免游人扎堆，平台上还设置了转椅，游人可以自由地选择喜欢的观景方向。

当一个人身处一片非同寻常的景观里面时，其体验是很难用言语表达的，同时由于景观会随环境而改变，想要了解一个地方不能仅仅依靠一次体验。

有鉴于此，阿里瓦斯复原项目针对这一退化区域的第一悬崖和沙丘进行复原和改造，创造出一处全新的空间，允许其他不同形式连接到自然景观，同时争取保证其内在价值。这片区域数十年以来都是一座不安全的停车场，其特质和生态现状被完全忽视。但只要游客进入这片风景优美的景区，立刻会被眼前的自然因素所吸引。

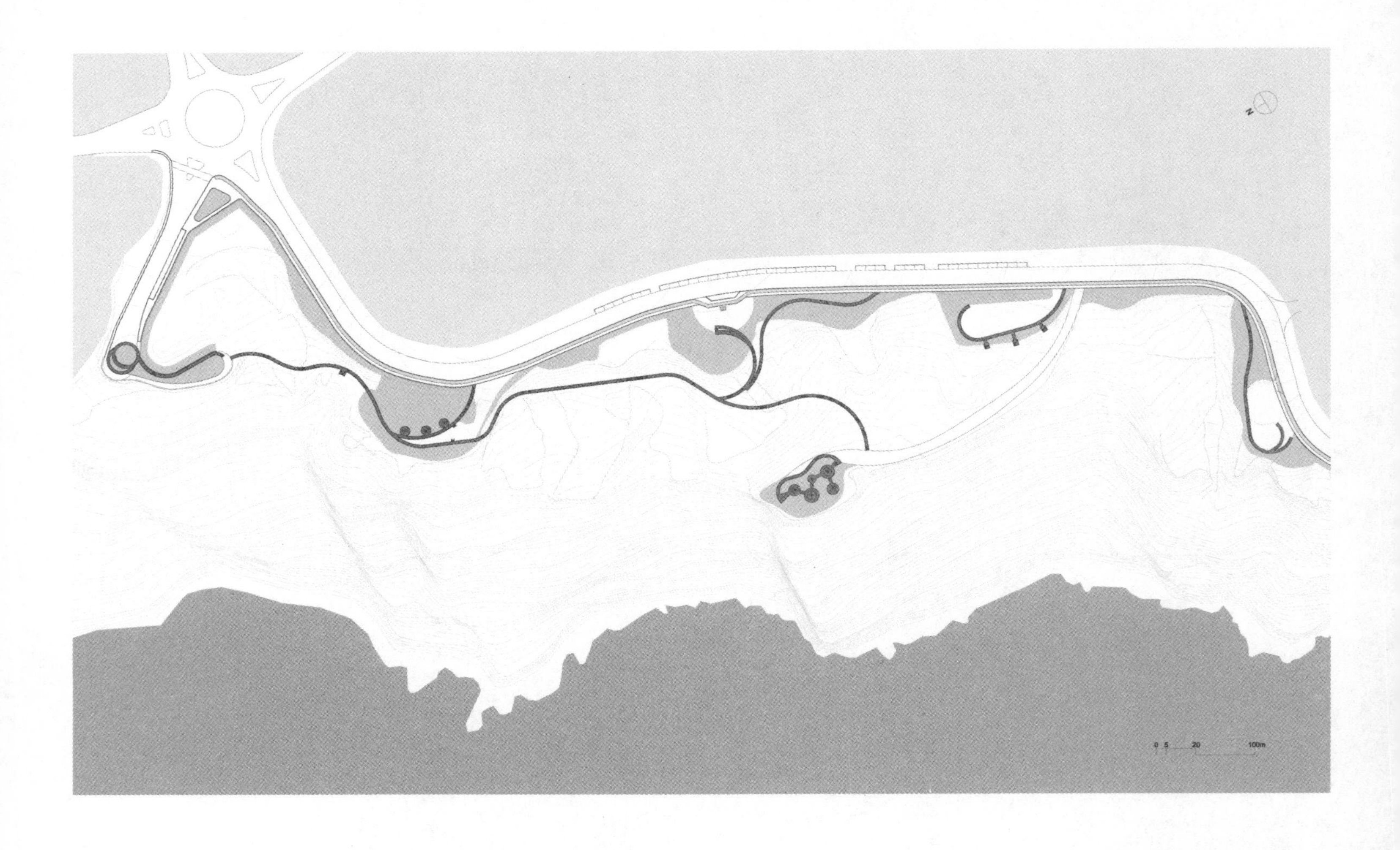
N
0 5 20 100m

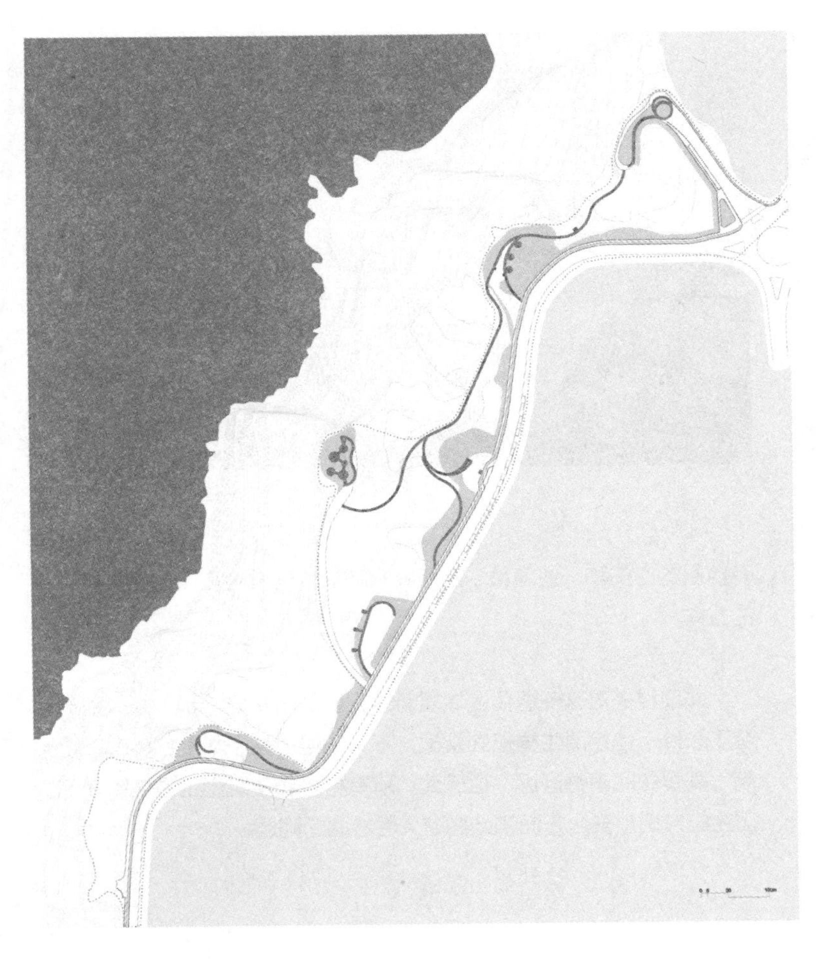

众所周知，悬崖和沙丘具有很强的生态敏感度，因为不断遭受着海水和风的自然侵蚀。根据多年以来海岸线沿线的观察，这片地区侵蚀的加剧在很大程度上却是因为人类对这些地区的利用不当。车辆的驶过、植被的毁坏、周围新建建筑的生活用水大量而无节制地排放以及其他许多因素，使得这片区域在逐渐的摧毁中，衍生出许多危及游客安全的隐患。

通过敏锐的观察，可以清楚地看到这些问题确实存在，并需要我们迫切进行干预。规划排水系统，重新种植自然植被以阻止侵蚀加剧，同时创造条件让游客们可以真切体验这片景观。

在绘制测量草图之前，里斯本大学受市政当局的委托进行一项研究，在经过现场试验之后确定悬崖的风险范围。整个计划必须依靠研究的数据，连同对所有约束条件的调查，才能开展下去。

对于设计而言，应对这些问题的中心思想在于几座最显著的瞭望台，它们之间通过一条升高的木栈道进行连接，木栈道明确了可以安全行走的路径，还可以作为屏蔽更敏感区域的屏障。因此，这些区域可以设置一组灌木群，对车辆进行撤离、控制排水以及生物物理力学的恢复，作为恢复原生植被的第一步。考虑到冬天严峻的天气状况，一些位置计划依旧让一小部分车辆通行到主道旁边的安全区域，并欣赏景色。

在考虑升高的木栈道时，将人工结构和自然元素融合是至关重要的。栈道应该适应于现有地势，同时站在周围看栈道应该几乎与大自然融为一体。这样一来，新种植的植被会生长并阻断结构的连续性。

悬崖是登高、望远、停留、冥想的好去处。道路可以让不同的冥想区域保持在不同的高度，让游客到达更高的观察点或者在更离散的地点体验景观。宽阔的瞭望台现在被分割成几块小高台，让每个人都有自己的空间和一些隐私，上面设有转椅，让游客可以自由选择观景的方向。

此项目是对这一退化区域重新回归自然的重要一步，为其复原创造了条件，包括原生植被的重植。不幸的是，关于入侵物种的完全控制，需要做的事情远远不止于此。所有材料和建筑施工方法都考虑到了生态方面、安全方面和结构耐久性方面的问题。

SWEEP 项目——观景台与玩耍场所

The SWEEP Viewing Platform and Play Area

项目设计：Olivier Ottevaere 与林君翰 / 香港大学

项目面积：60 m²

地点：云南省团结乡

Design: Olivier Ottevaere and John Lin / The University of Hong Kong

Size: 60 m²

Location: Tuanjie Village, YunnanProvince, China

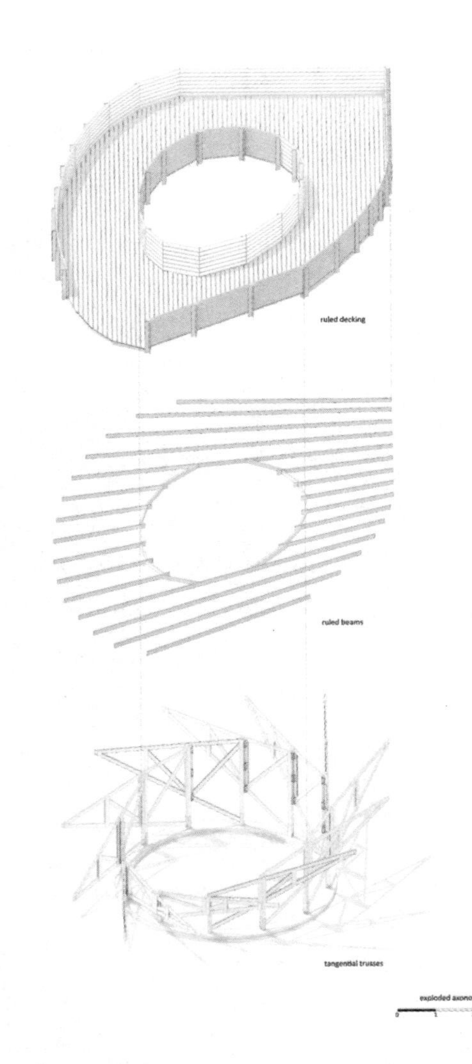

木材应用分析

这个项目一方面锻炼了学生的动手施工能力，另一方面可用作学生的玩耍场地和遮荫场所。设计强调使用简便易于操作的木构搭建，由 12 根桁架与加固的圈梁相切构成平台底部的支撑结构，木铺面随着桁架的升高和降低，由地面逐渐往上延伸，在最高点可以远眺当地特色风光。木铺面的底部构成了类似亭廊的天然半开放空间，成为家长等待学生放学的极佳场所。该项目在 65 名学生协作下用时 6 天建成。

SWEEP 项目是建在云南一个白族村落里的观景台与玩耍场所。作为香港大学建筑系的体验学习项目，该项目在 65 名学生协作下用时 6 天时间建成。木结构由 12 根桁架与加固的圈梁相切而立。每根桁架悬挑长达 4 m 以支撑铺板顶层。随着桁架的升高和降低，直纹曲面由地面逐渐往上延伸，在最高点可以远眺满山谷壮观的梯田风光。

该项目的位置邻近当地小学的正门。学生们平日寄宿在校，周末由父母接回家。观景台下方有遮荫的部分，顺理成章成为家长接送学生的场所。平面上，桁架的布局尽管简单直接，整体架构却成功创造出变化多端的视野和空间，村庄楼房、山脉、山谷、农田的 360° 全方位景观一览无遗。

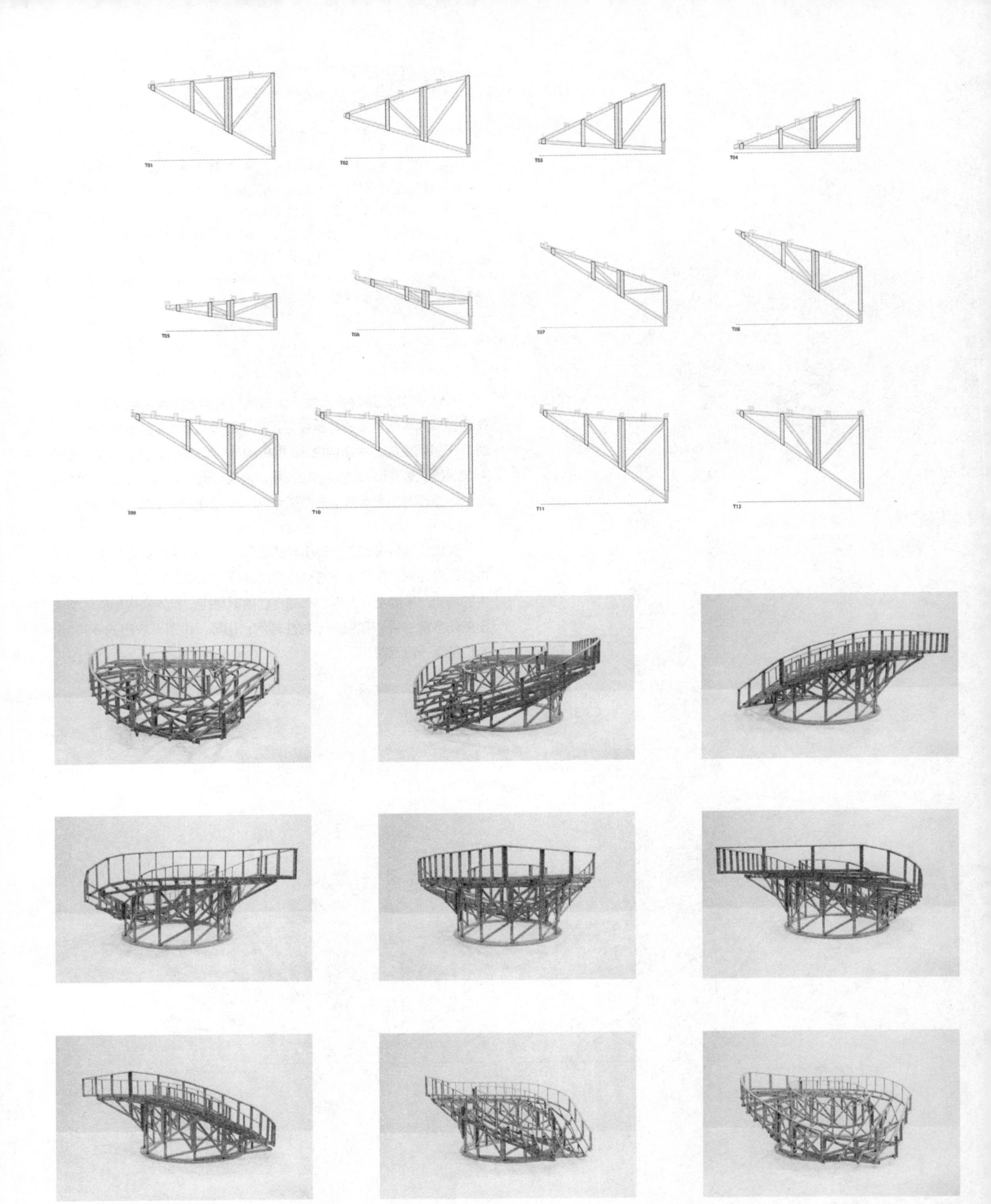
T01
T02
T03
T04
T05
T06
T07
T08
T09
T10
T11
T12

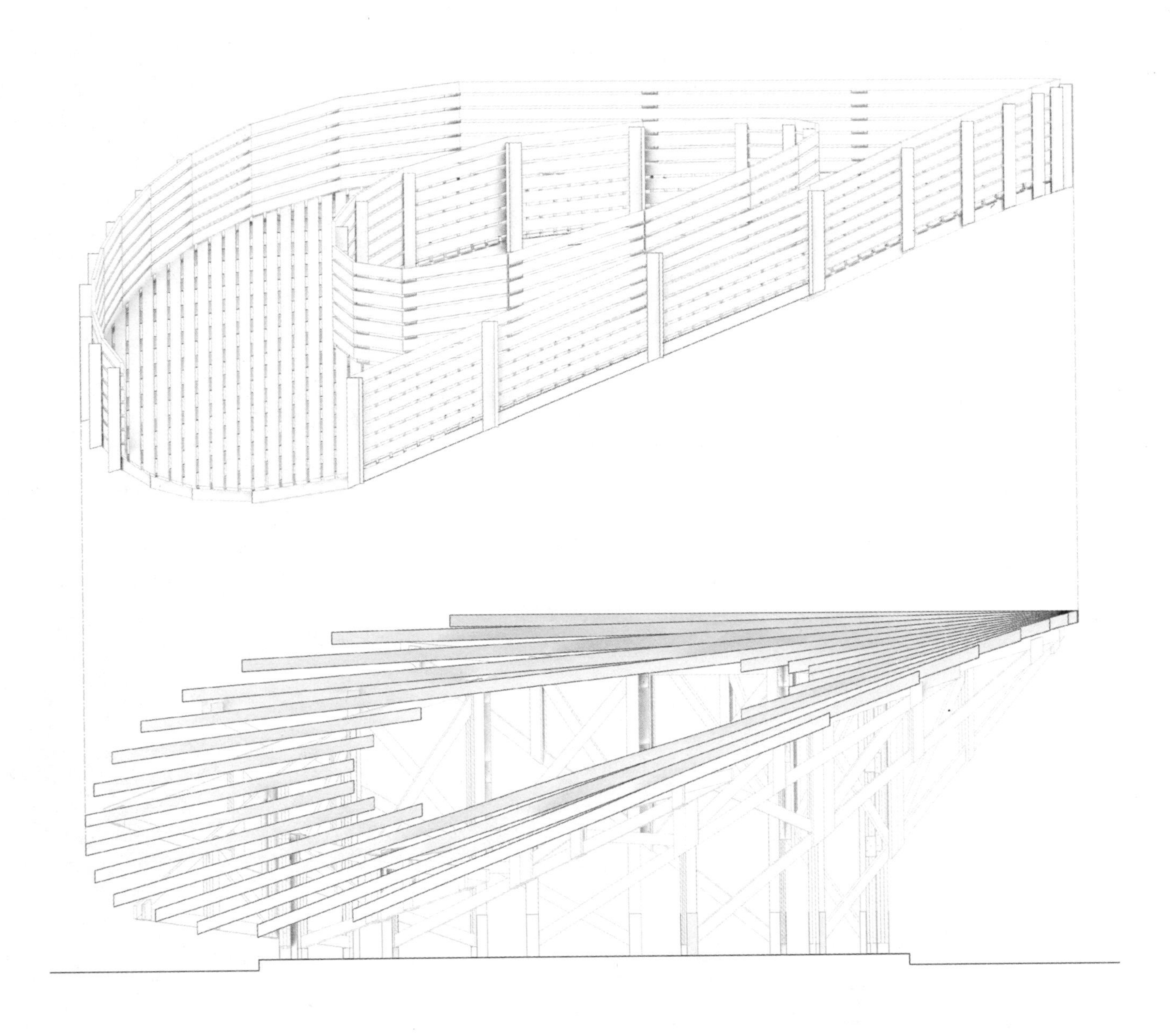

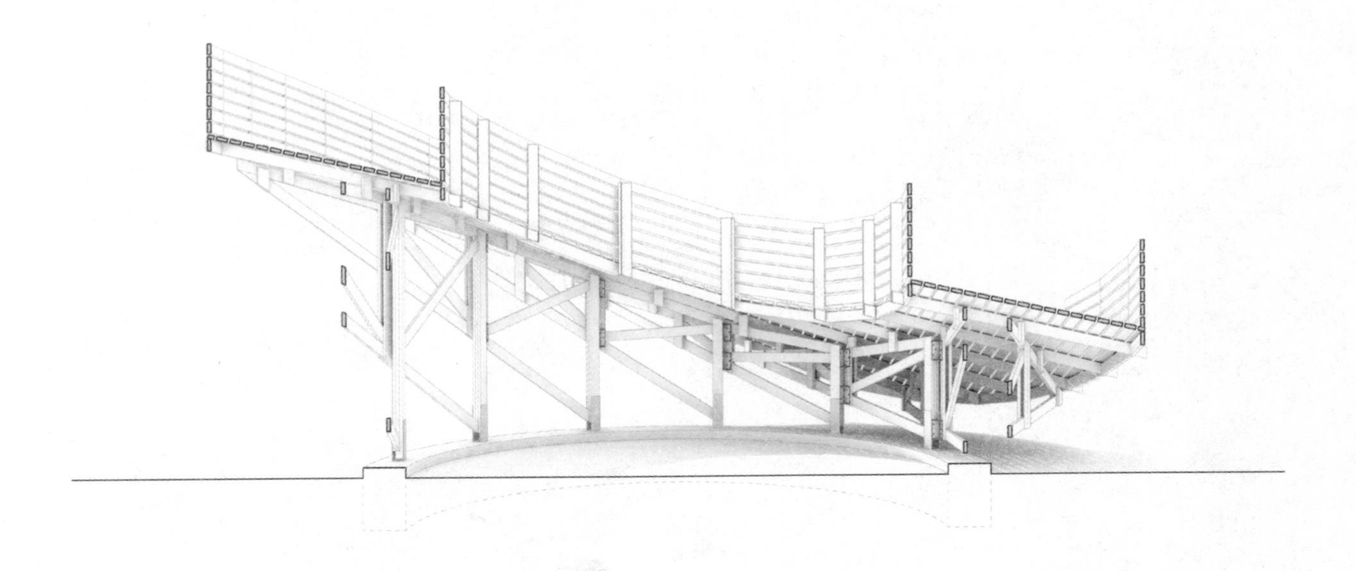

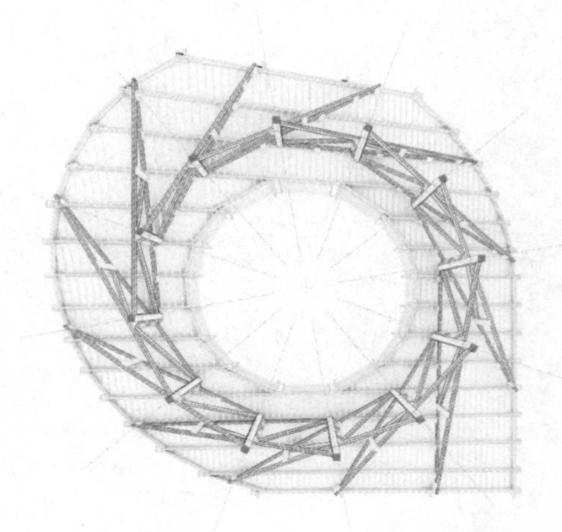

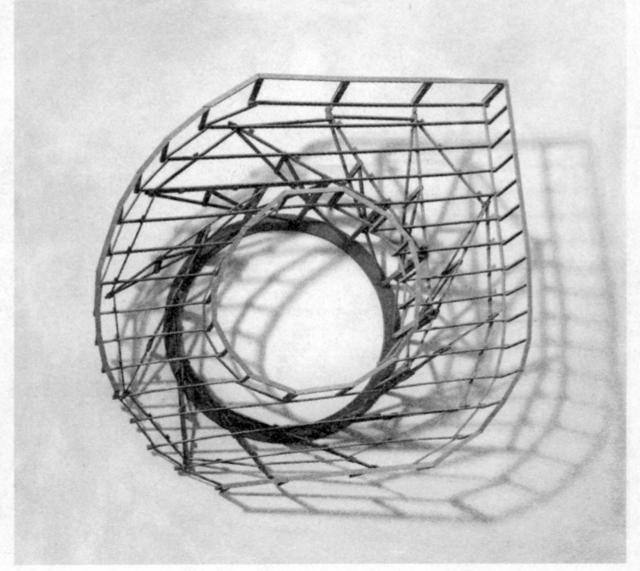

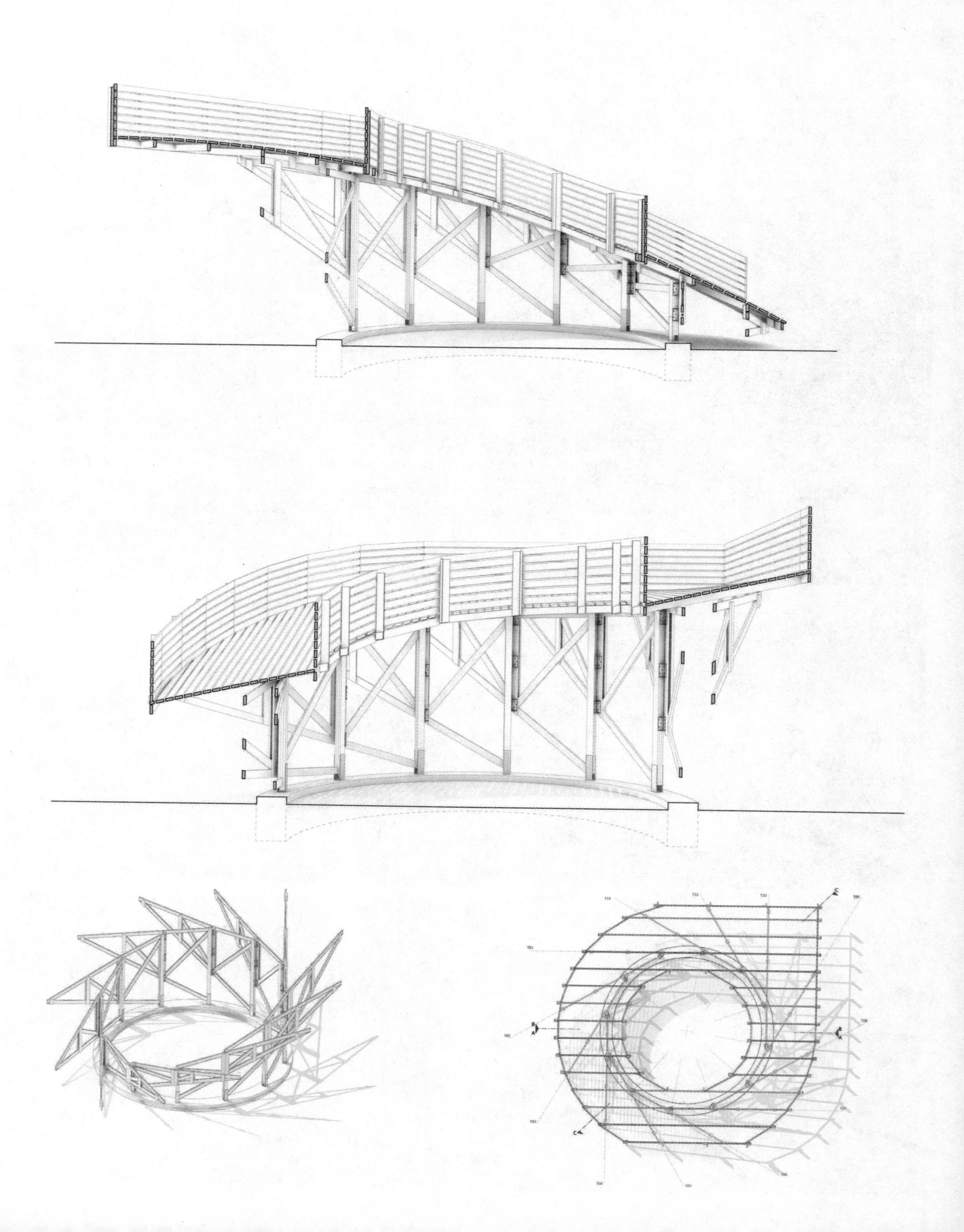

第三节　围栏

历史上最早出现的栏杆是公元前 50 年出现的立栏式围栏，以埋入地下的立柱固定，柱与横栏的连接，不借助钉而使用榫接，最初是用来圈养牲畜和防御敌人的。后来此种围栏演化成为美国独有的弗吉尼亚式围栏，平面呈折尺形，完全依靠自重来固定整个围栏，虽建造简单方便却会耗费大量木材资源。

18 世纪后期，随着城市中产阶级的增加，围栏逐渐成为建筑前的装饰，人们雇佣专业的木工雕刻精美的立柱和栏杆，将建筑的设计一直延续到街道。而到 19 世纪后期，人们认为用围栏将建筑的前院围起来是不人性的处理，更愿意将自己的休闲活动转入后院，这样后院反而越来越需要私密和安全性的围护，此时的围栏往往是模板框架的高栏。

工业革命，使以前需要专业匠人精工细作的各类构件可以批量生产，形式各异、做工精巧、风格迥异的各类标准构件大量出现，为人们提供了更多的选择。围栏的各个组成构件在形状、方向和装饰房间不断发展创新，但其结构体系基本保持不变。

1. 围栏功能

围栏在公共和非公共的场地用以界定围合空间，遮挡场地外的负面特征并提供安全感和私密性。而围栏不同的功能要求对其设计形式有着极大的影响，因此在设计时要认真考虑其具体作用。

私密性：私密性要求有一定程度视觉和空间的隔离。要达到的私密程度及周围的情况很大程度上影响围栏的设计形式。

安全及保密：围栏能阻挡入侵，使人远离潜在的危险（如机械设备、变压器或水池），因此其具体的功能需求决定形式。

边界：用于界定边界，预防和组织侵人或预示着空间的转化。

交通控制：围栏可组织及引导人、动物或车辆的运动。

改善环境：围栏可降低大风、噪声、飘雪、眩光和强光的影响。

2. 设计要求

围栏的设计首先要考虑布局的设计，如果是用于限定边界的，在退让红线以及高度上应符合规范要求。其次，如何在满足功能的前提下具有美的形式也是设计围栏时需要考虑的要素。当围栏处于坡地上时，可采用围栏与地面平行或随地形起伏，或使柱以及柱间的栏板呈阶梯下降。前者会因为对矩形栏杆的切削造成一定的浪费，后者则需要基地是一个坡度基本一致的坡地。

3. 结构及构件尺寸

围栏的基本结构体系是利用水平横杆与柱子组成基本的框架来固定镶嵌板或栏杆。在基本的框架体系下通过利用一些构件的方向变化和构件的形式变化形成五种围栏形式。

围栏的结构构件由立柱、横栏、栏杆或镶板组成。立柱是围栏的主要承重构件，是连接横栏、承担横栏以及栏杆重量，并将其固定在地面上的竖直构件。它的尺寸由栏板的高度和宽度、所使用的材料的重量以及造型等方面共同决定。柱间距除满足造型功能要求外还需考虑结构的稳固，一般采用榫卯连接最大间距是 2700 mm，而采用钉连接最大间距是 1800 mm。横栏用来固定柱子以减少其横向运动，以及为垂直的木条提供结构支撑。横栏尺寸与围栏的高度和立柱间距有关，其数量主要与围栏高度有关。常用的栏杆尺寸是 25 mm × 50 mm、25 mm × 100 mm、50 mm × 50 mm。

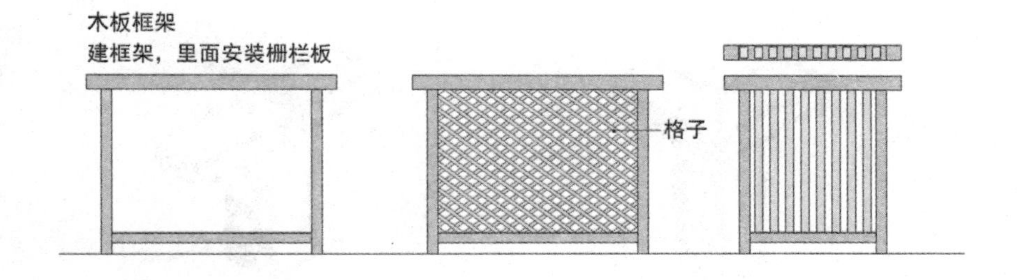

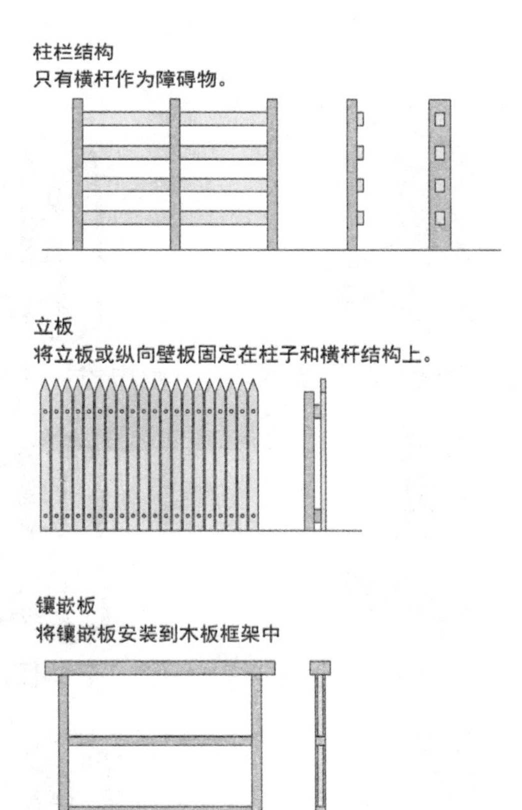

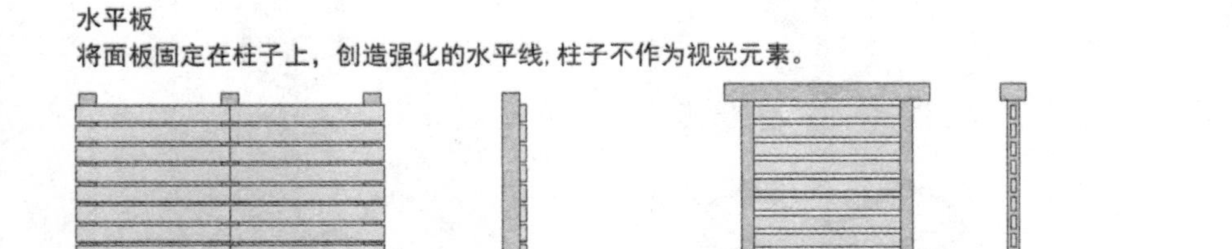

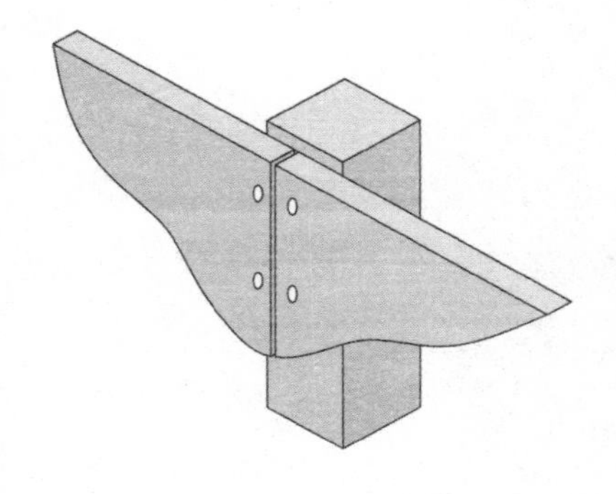

用钉子固定面板

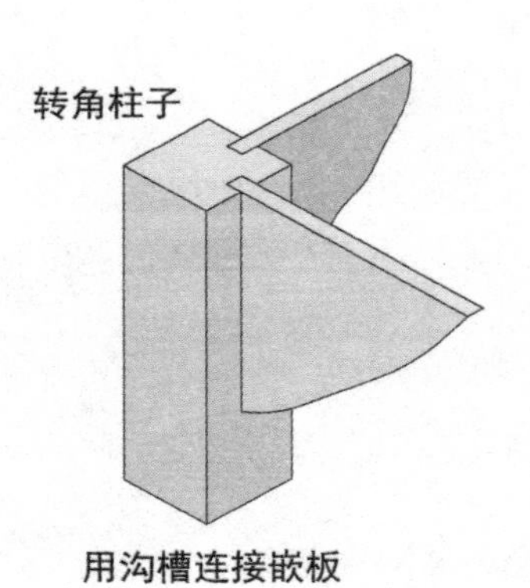

用沟槽连接嵌板

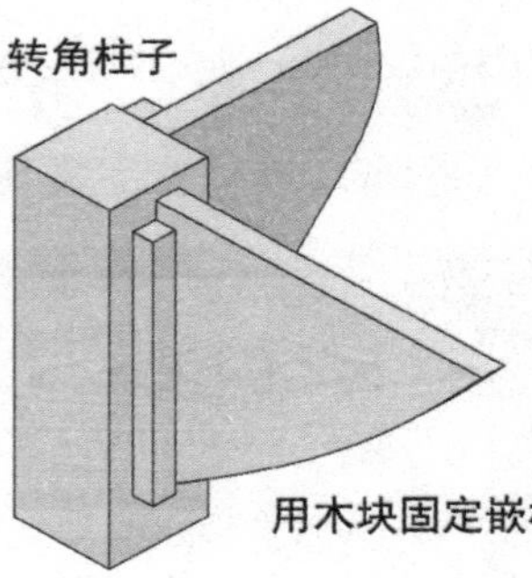

转角柱子

用木块固定嵌板

护板平放或嵌入边中

用金属角固定

斜接

对角线斜接

凸榫接

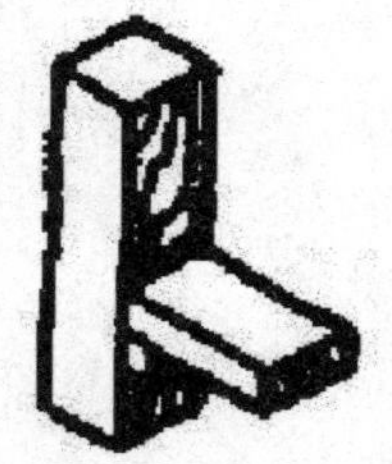

下部使用木块

咬合/重叠交接

咬合

榫眼接

基部用钉固定（不结实）

咬合

撞接（叠放在顶部）

4. 构件连接和细部设计

立柱与地面的固定，可将立柱埋入地下冰冻线下 50 mm，周围浇筑混凝土固定。也可通过混凝土地基中预埋的金属件与立柱固定。为减少积水对木材造成的影响，混凝土基座应向排水方向有一定倾斜。立柱与地基的连接既要考虑减少水分土壤等不良因子对木材造成的影响，还要考虑构件连接处形式和材料交接的协调性，在满足功能的同时成为愉悦视觉的细部节点。如利用木材与不锈钢材质的对比，以及厚实的木柱与钢材纤巧造型的对比，满足功能的同时细部处理增加趣味性。

横栏与立柱的连接主要采用榫接和钉接。榫接可使横栏的重量分别由两个立柱承担，是较为合理的传力方式。钉接，横栏的重量只由柱承担部分，更多的重量由连接构件承担，这无形中减弱了柱子的作用，同时金属连接件承受过大的重力而易损坏。一般榫接较钉接更耐久，但比钉接工艺复杂。

栏杆与横栏常采用钉接，但对于木板框架式围栏，由于造型和耐久性的需要常使用榫接。可以通过横栏预先刻好凹槽或在横栏两侧加设木板来嵌入或夹紧栏板，接着将栏杆插入底部的横栏并以连接构件固定。利用外加附木条的方法易造成积水，不适用于底部横栏。

5. 细部处理

围栏的细部装饰多缘自一些具体的功能，如为减少积水，柱头装饰和栏杆装饰会在设计时采用上小下大的造型来便于排水，但同时要注重与整体的和谐与融合。不同形态的栏杆造型使围栏具有鲜明的个性。在今天的城市中，各式各样的围栏突显出自身社区或地块的独特性，共同营造出一个多样化的城市景观。

栏杆是围栏中最富变化、最具表现力的构件。根据功能需求，不同栏杆形式有多种变化，私密性和围护要求的程度不同决定了栏杆通透性的差异，当地主要风向的差异可影响栏杆与横栏的角度。

在一些特殊的情况下，围栏的一些细部处理也来自造型的考虑，为与实体栏板在比例上相互协调，立柱的尺寸要远大于结构所要求的尺寸。可采用在结构柱的外围用木材建造一装饰的盒子，以此满足造型的需求，这不但节约了材料，减少了自重，同时加强了木材内外空气的流通，延长了木材的使用寿命，还有利于增加装饰线角，创造丰富的细部。

围栏的形式在很大程度上是由功能决定的。虽然存在着 5 种不同的基本形式和多样的风格，但都保持着以水平横杆与柱组成基本的框架来固定镶嵌板或栏杆的基本结构体系。各构件的尺寸互相关联，影响构件尺寸的条件较为固定。连接以榫接和钉接为主，对于主要承重构件的横栏与立柱的连接以榫接较为坚固耐久。栏杆的连接施工便捷，一般使用钉接，但对于栏板的固定，采用榫接较合理。细部集中于构件端头以及与地面相接处的处理，最初缘于减少构件表面的雨水量，现逐渐演变为风格的装饰。

土耳其马鞍

Turkey Saddle

建筑设计：Formwork (Robert & Cecilia Nichols)

景观设计：Grounded (Anna Boeschenstei)

总面积：约 129 498 m²

地点：美国弗吉尼亚州夏洛茨维尔市

摄影师：Lincoln Barbour, Robert Radifera, Anna Boeschenstein

Architect: Formwork (Robert & Cecilia Nichols)

Landscape Architect: Grounded (Anna Boeschenstein)

Site Area: About 129,498 m²

Location: Charlottesville, Virginia, USA

Photographer: Lincoln Barbour, Robert Radifera, Anna Boeschenstein

木材应用分析

这个项目将木材与耐候钢、混凝土进行搭配，丰富了场地的质感，在能够让人行走、坐立、触摸的部分充分使用了木材质，亲肤的同时营造出温馨舒适的氛围。用钢结构与木隔栅围合出户外淋浴房，半通透的围栏保持了空间连续性。横向交错排列的木条彰显设计师对设计细节的把控能力，由上至下、由疏到密的格栅排列方式也在统一之中呈现变化性。设计的巧妙之处是将木格栅与景石搭配，形成了独一无二的户外家具，同时兼具美观与实用性。

"土耳其马鞍"这一名字来自于项目所处的特别位置，坐落在Meechum河和Moorman河之间。水、桥梁和石头是各种循环中——自然和人造重复着的主题。此项目是住宅的第二阶段整修，一条崭新的"Z"字形甲板道在现有树木之间蜿蜒，越过起伏的地势将现有住宅和一座新车库、公寓连接起来。在下面的一处陡坡上，线型甲板横跨户外空间连接着三处庭园，让主人能够充分享受他们的山腰住宅。

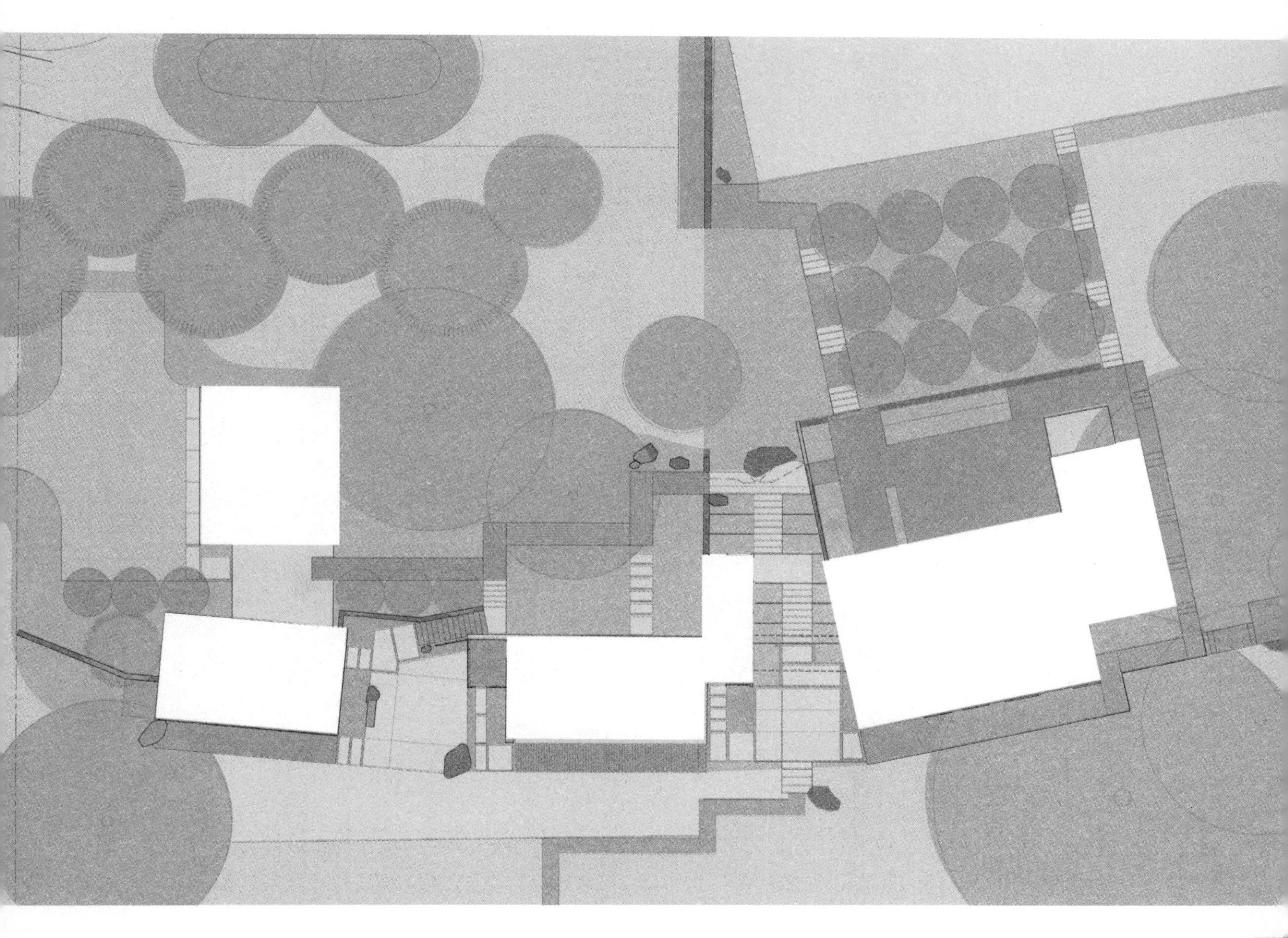

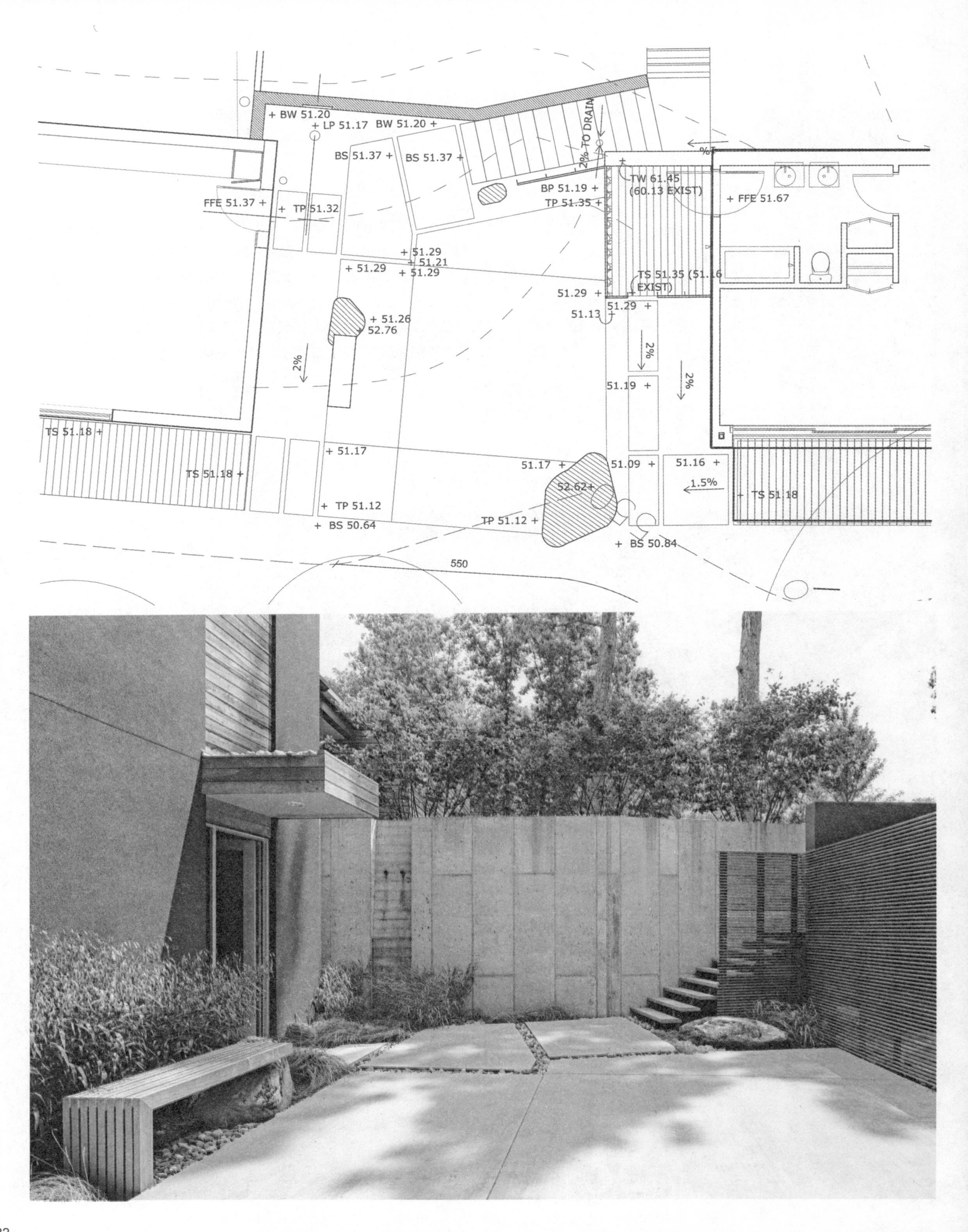

BW 51.20
LP 51.17
BW 51.20
BS 51.37
BS 51.37
2% TO DRAIN
TW 61.45
(60.13 EXIST)
BP 51.19
TP 51.35
FFE 51.67
FFE 51.37
TP 51.32
51.29
51.21
51.29
51.29
TS 51.35 (51.16
EXIST)
51.29
51.29
51.13
51.26
52.76
2%
2%
2%
51.19
TS 51.18
TS 51.18
51.17
51.17
51.09
51.16
1.5%
TS 51.18
52.62
TP 51.12
TP 51.12
BS 50.64
BS 50.84
550

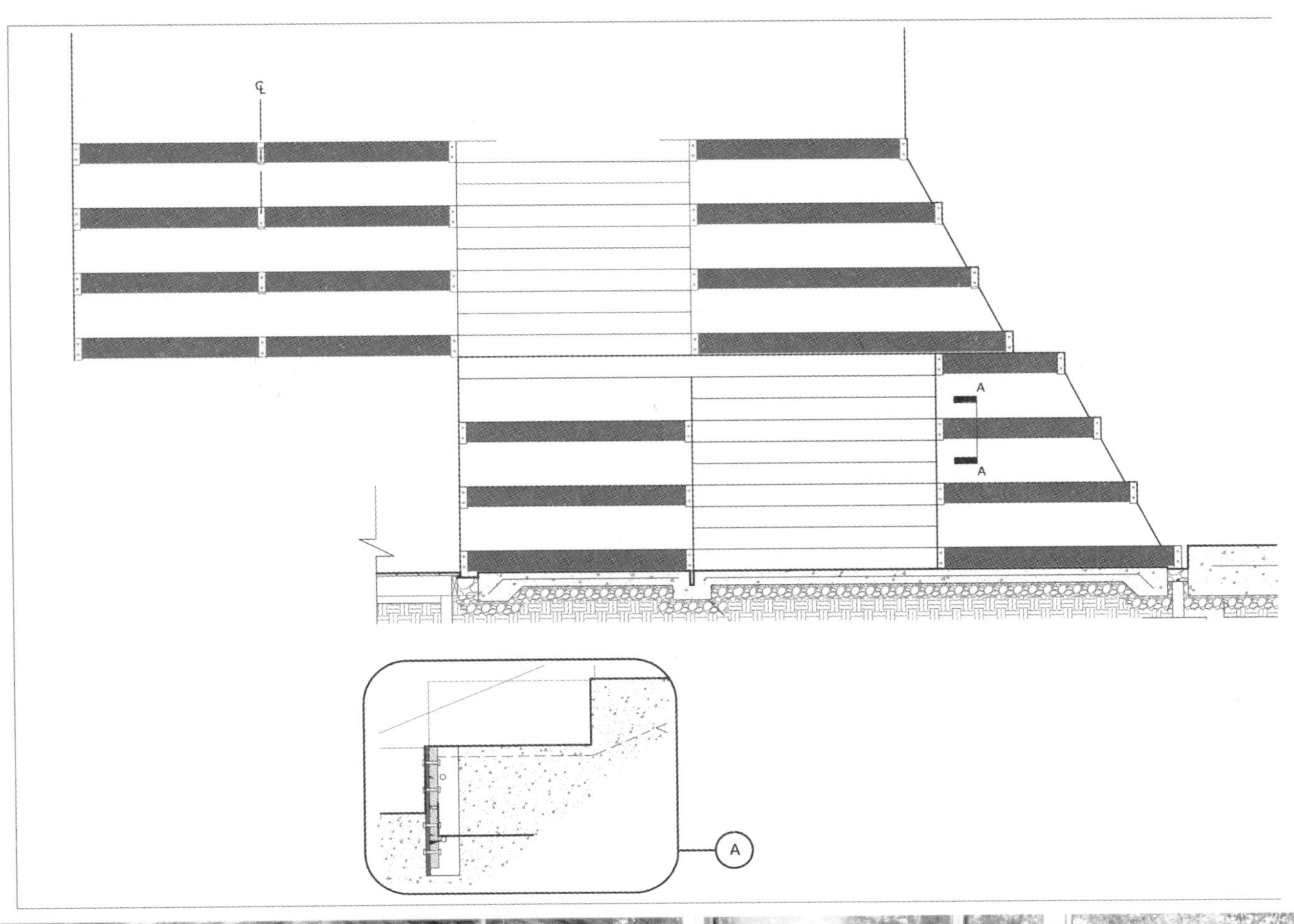
A
A
A

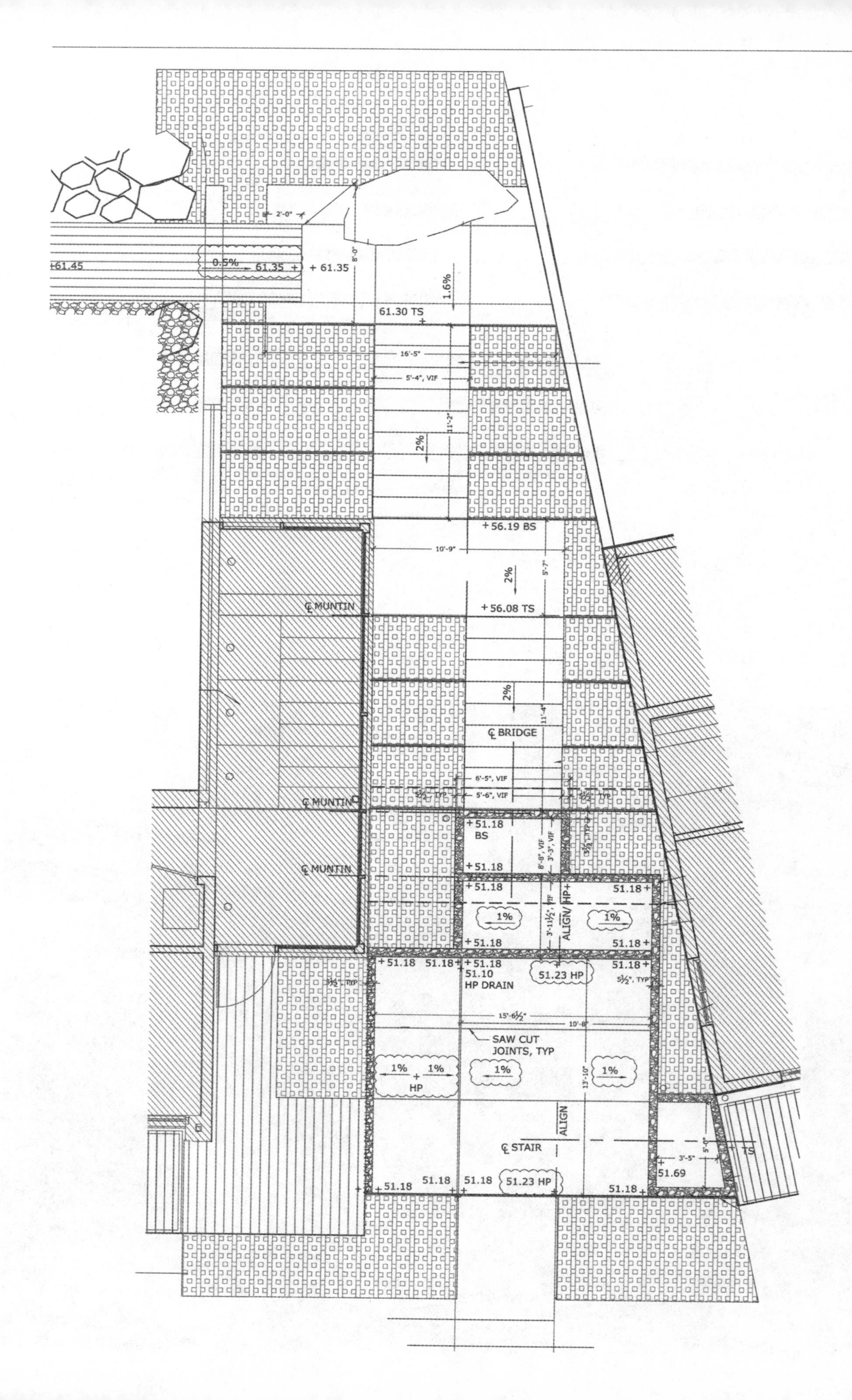

+61.45
0.5%
61.35 +
+ 61.35
2'-0"
8'-0"
1.6%
61.30 TS
16'-5"
5'-4", VIF
11'-2"
2%
+56.19 BS
10'-9"
2%
5'-7"
+56.08 TS
℄ MUNTIN
2%
11'-4"
℄ BRIDGE
6'-5", VIF
5'-6", VIF
℄ MUNTIN
℄ MUNTIN
+51.18
BS
+51.18
+51.18
51.18+
1%
ALIGN/ HP+
1%
+51.18
51.18+
+51.18
51.18+
+51.18
51.10
HP DRAIN
51.23 HP
51.18+
15'-6½"
10'-8"
SAW CUT
JOINTS, TYP
1%
1%
HP
1%
13'-10"
1%
ALIGN
℄ STAIR
3'-5"
TS
51.69
51.18
51.18
51.18
51.23 HP
51.18

整修前

整修后

一系列的室外空间带来不同的体验方式。第一个空间是一处带有儿童游戏网的私密观景台，悬吊在一块露出地表的岩石上面。第二个区域是一处位于房屋中心的娱乐庭园，被称为桥台，面向着远处的草甸和山月桂。装饰有 IPE 木花盆的混凝土楼梯，在有人经过下方的玻璃桥时，将楼梯反射到室内。第三处儿童空间被称为水庭园，设有一条供玩耍的瀑布，瀑布既可以将雨水从山坡上引导到下面的河里，又可以作为室外淋浴为玩耍了一整天的小孩进行冲洗。

精心放置的大卵石代替了户外家具，这些岩石可用于攀爬或坐在上面休闲，因此形状都经过精心挑选以确保符合人体工学。这座巧妙的水庭园设计程度较为复杂，在孩子长大之后的很长一段时间内都可以持续为家庭带来喜悦和乐趣。IPE 木制淋浴屏风主题在相同材料制成的长凳上重复着，长凳悬挂在三块大卵石的其中一块上面。在后方户外走廊的尽头，最后一块巨大的卵石被放置在走道的终点，这对于悬臂式的游戏网岩来说，就如被镜子反射在地面的镜像。

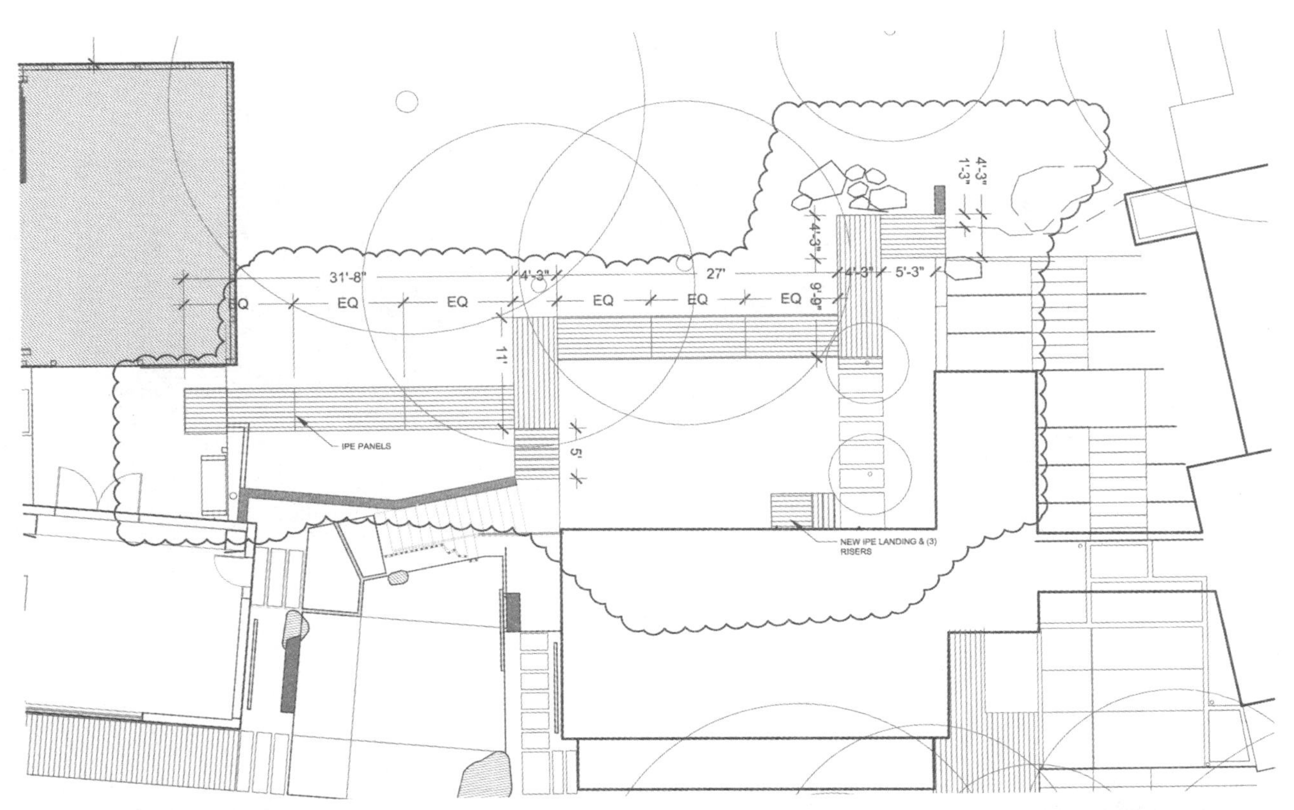
31'-8"
4'-3"
27'
4'-3"
5'-3"
EQ
EQ
EQ
EQ
EQ
EQ
9'-9"
4'-3"
4'-3"
1'-3"
11'
5'
IPE PANELS
NEW IPE LANDING & (3) RISERS

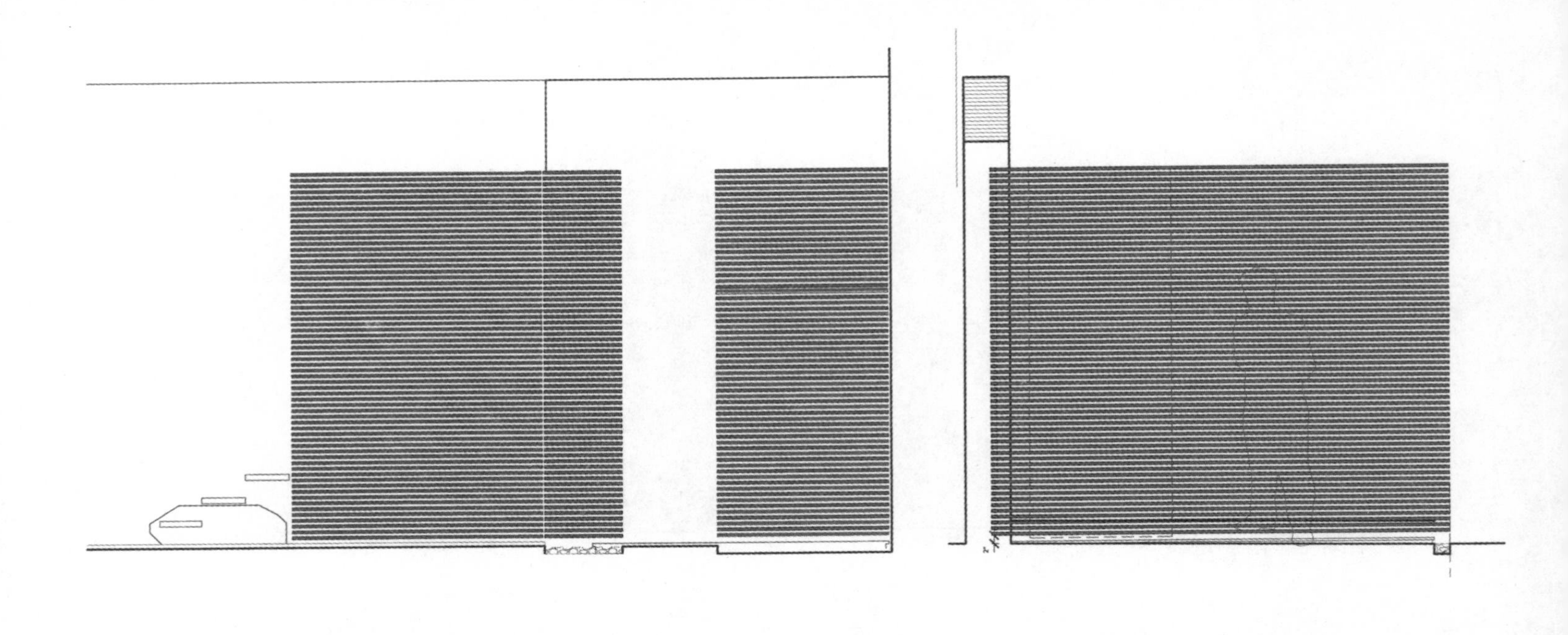

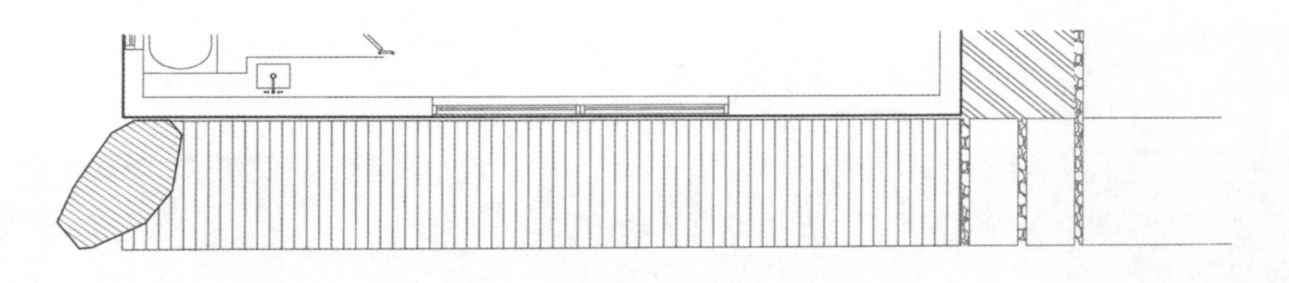

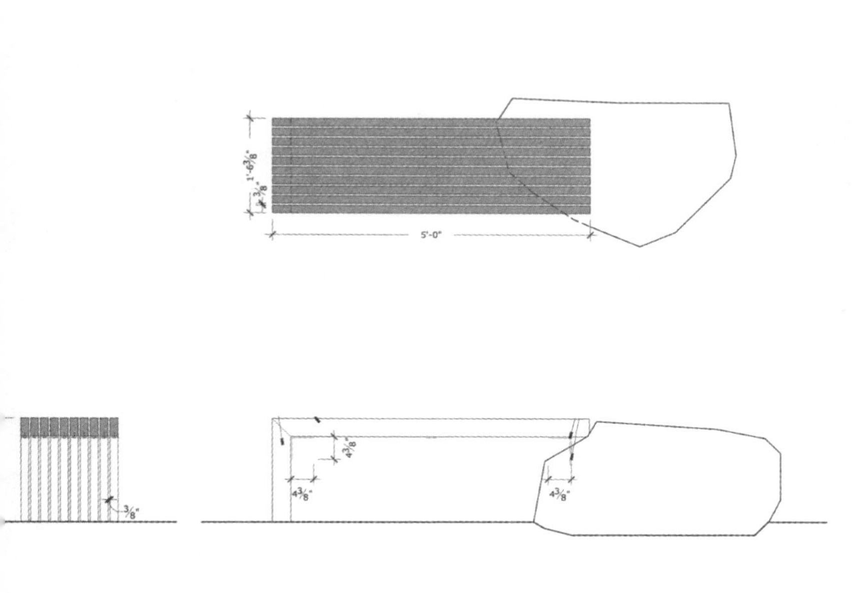
5'-0"

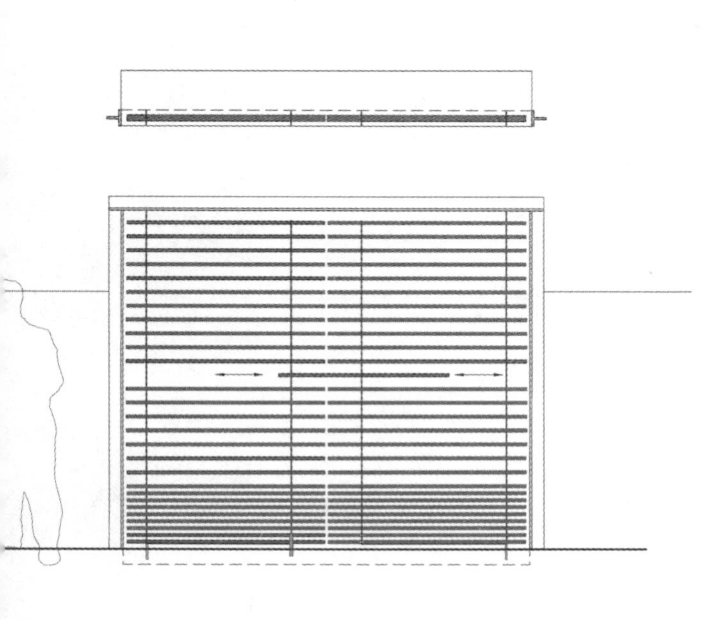

珠宝盒
The Jewel Box

建筑设计：Fraher Architects	Design Architect: Fraher Architects
地点：英国伦敦伊斯灵顿	Location: Islington, London, UK
摄影师：Andy Matthews	Photographer: Andy Matthews

木材应用分析

这是一座二级文物联排别墅内的花园，具有悠久的历史。设计师用木材将花园的围墙包裹起来，体现出新旧材料的对比，也吸引人从室内走入到花园中。加建的双向倾斜坡屋顶结构，一方面为这个古老住宅带来现代新鲜气息，另一方面建筑天花延续庭院围栏的设计语言，用木条装饰，让双向坡屋顶结合雨水花园的理念，成为这幢住宅的“珠宝盒”。在改造项目时，加入新材料的同时不破坏原有建筑的结构，是值得设计师借鉴的方法。

一座二级文物联排别墅内的地窖和首层，随着秘密的花园研究课题，现已从一个杂乱的平地，变成一座宽敞明亮的花园式住宅。为了满足一位有名的银器匠和质量管理的需求，简报倡议将此处彻底整修并扩建用作餐饮区及花园空间。

计划书一开始就构想把一系列珠宝盒小心地镶嵌到现有建筑群中，从而揭露并复兴了一系列杂乱的空间。木材和混凝土合并成一种简单的材料调色板，包裹着现有建筑群，吸引人们穿过这一区域并进入花园。旧时期的建筑特色被保留下来并发扬光大，而后期新建的建筑则利用双重倾斜野花屋顶，让光亮的色彩能够照射到地板。

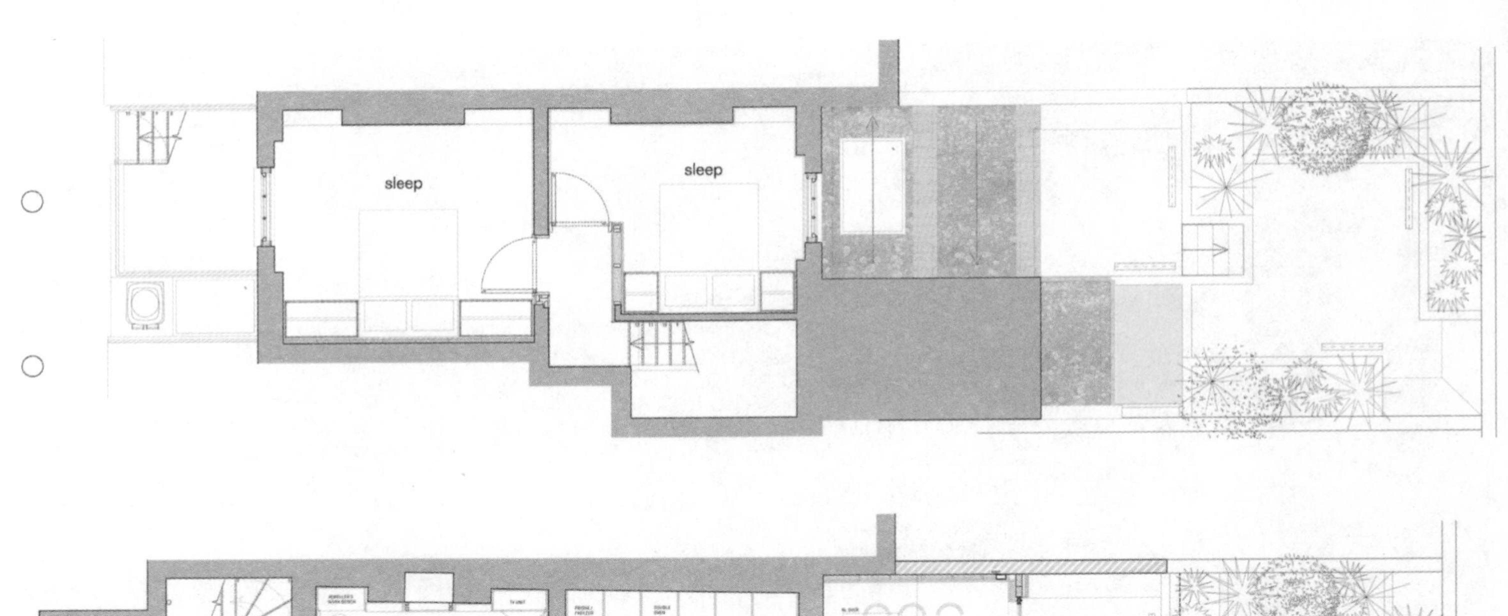
sleep
sleep

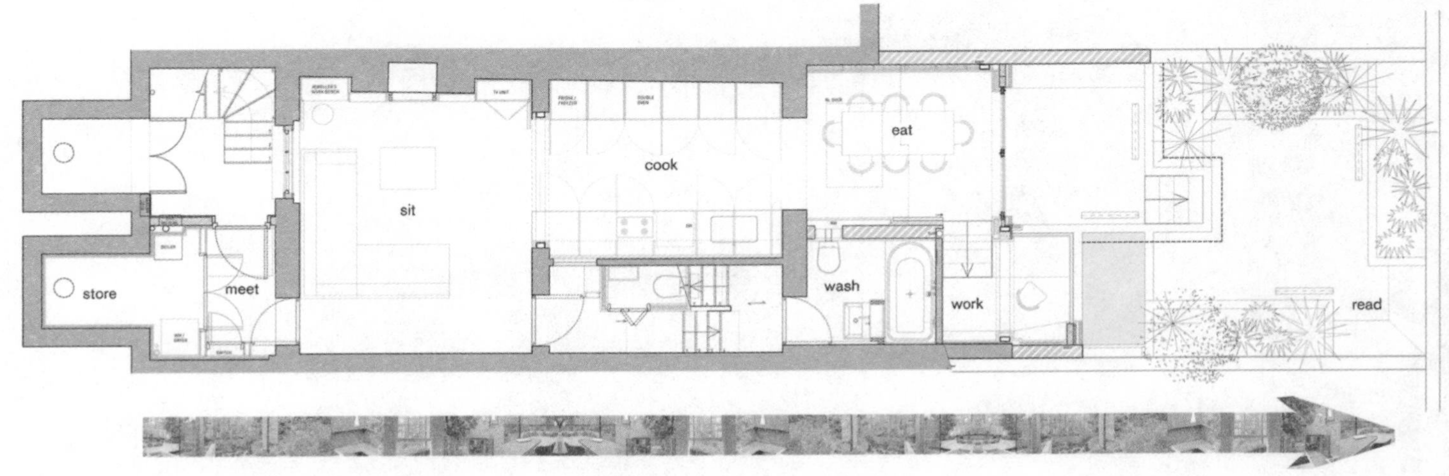
sit
cook
eat
store
meet
wash
work
read

持续生长的苏格兰落叶松柔化了切入点的连接，并用木材将延伸部分给花园包裹起来。木材顺着餐厅的拱腹，以碱水桦木板层的形态流入房屋，然后形成全部的流动细木工制品。一楼的地板是绿枞特宽板，营造出柔软整洁的脚底触感。

双重倾斜野花屋顶为本地蜜蜂和蝴蝶创造出丰富的生物多样性栖息地，用野花和景天混合的植物群作为铺垫，可以使屋顶在一年四季都保持色彩。屋顶收集的雨水被引导流到花园下方一个 $2m^3$ 的容器里作为灌溉系统用水，在有需要时对花园和屋顶进行浇灌。

从你进入建筑的那一刻起，树脂和混凝土地板会引导你穿过生活空间进入花园。设计的目的是将花园吸收进建筑里，同时将生活空间向外扩展到私家下沉式花园。

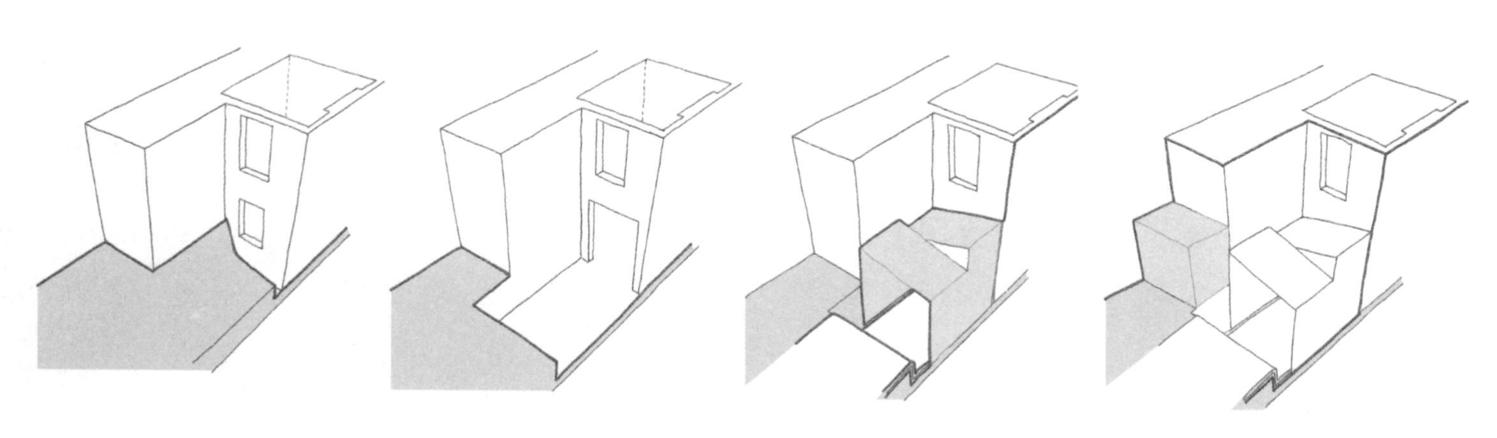

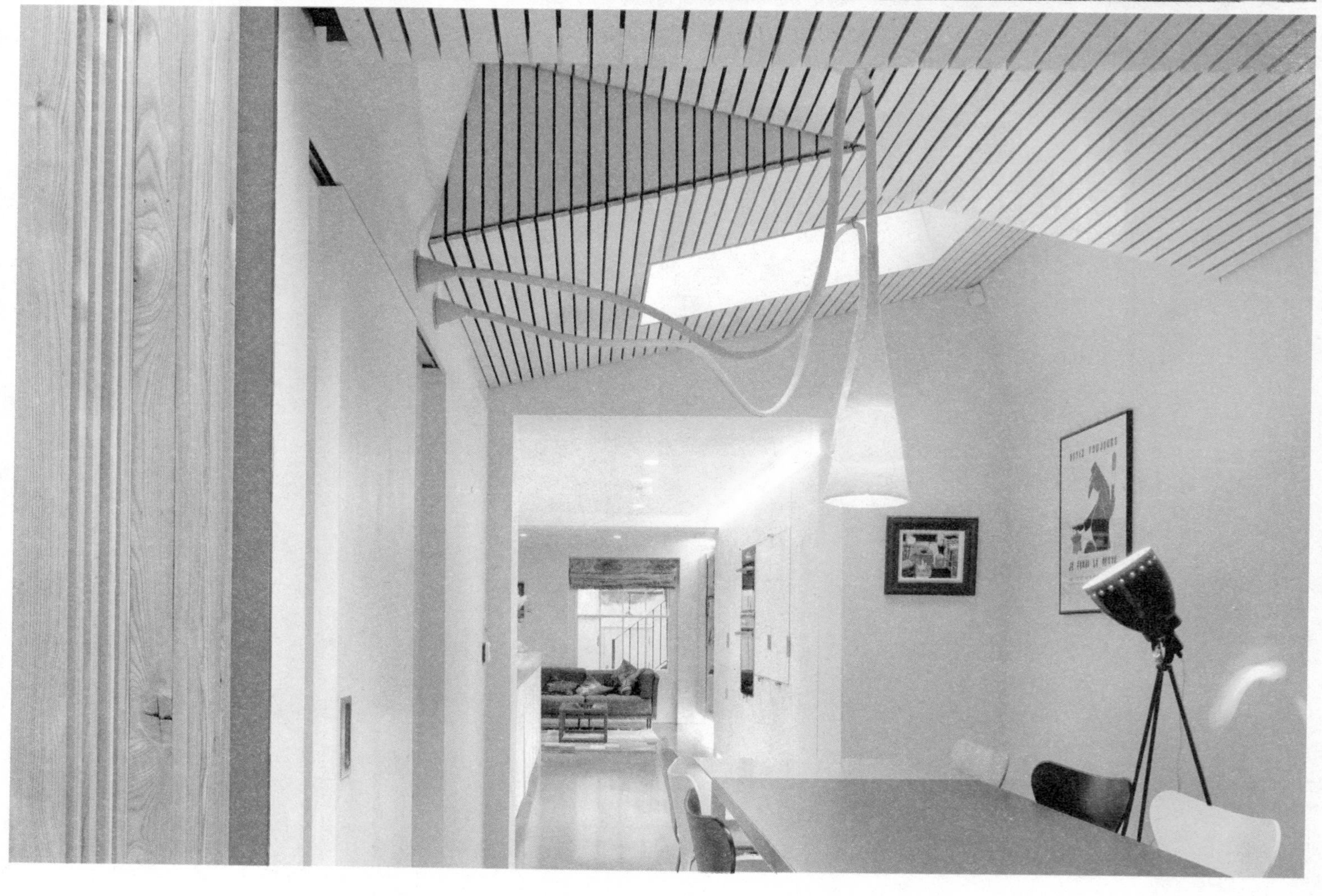

城市之泉
Urban Spring

地点：美国旧金山市　　Location: San Francisco, USA

木材应用分析

此项目的特色不仅来自于庭院既有的泉眼，还有借景于邻居的美丽乔木。利用木围栏作为屏风调整院内的景观视野，既保持了庭院的私密性，又保证其具有最佳的观景视角。围栏上留出的洞口让隔壁的树干枝桠可以穿梭进来，并在围栏上留下几何元素，别具美感。园中的鸢尾等植物沿着围栏的结构向上生长，使得围栏与庭院植物有机地融合在一起。木质园路贴着围栏高低延伸，让人不得不注意到这种自然与人造交错的美。

旧金山的泉水和溪流曾经都是普遍和容易看见的，从山丘发源并最终流到海湾，而今天，绝大部分的泉水和溪流都只能流经管道和城市下水道。相比之下，流经这座住宅的泉水为大规模的建筑装修和花园设计提供了设计思路。设计在场地细致入微的条件下应用了精确的结构、设备和细节，创造出集功能性空间、微气候和城市野生动物栖息地于一身的高雅作品。

此项目坐落在一块面积为 232 m^2 的地块，身下是陡峭的面北山坡。房子始建于 1930 年，唯一入口就是前门。在房子里，城市面向北方的全部景色尽收眼底。在房屋的下坡面，院子有一个长 3.6 m 的坡道，一缕泉水从地表下面黏重土的黏土岩脉中发源出来。泉水的基流相当于一支铅笔的直径，流量相当于每天 0.38 m^3 的水，把邻近的院子和窗户映射在水面之上。基地所有现存的树木因长时间缺乏打理，健康状况不好，需要对其进行移植，其中有一棵高大、优雅的茶树状况尚算良好，因而被保留下来。下坡面的邻居种植了 3 棵螺旋形的杨柳，来解决上坡面泉水所带来的湿土问题。在条件良好的情况下，这些杨柳每年可以生长 1.8 m，同时也需要一年一次的繁重修剪。这种自然和人造条件的组合在一个相对较小的空间里，以有趣的设计方式呈现了一种独特而多样的园艺微气候。建造和保养花园的后勤物资为独出心裁的设计方案增添了额外的可能。

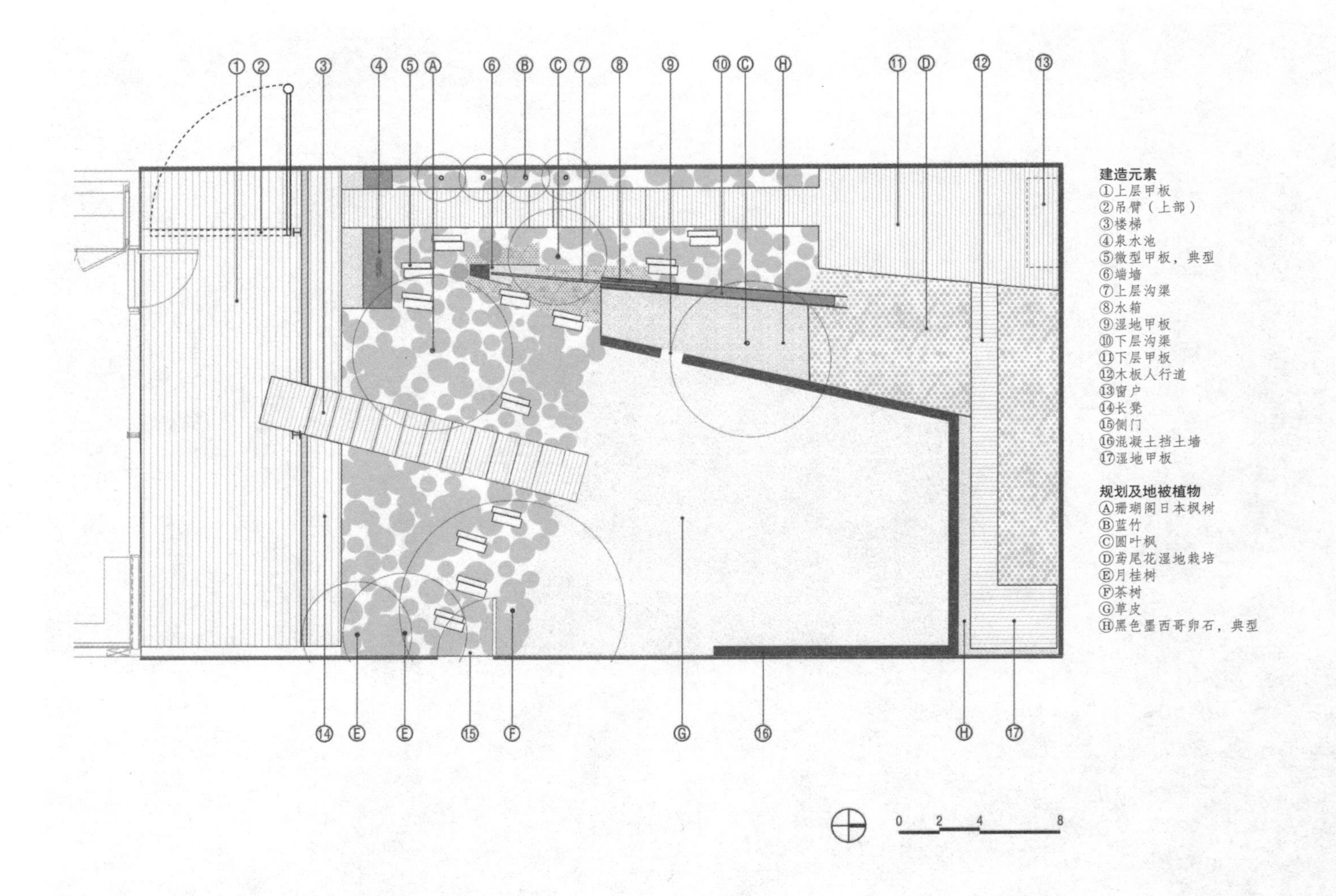

楼梯、墙壁和甲板清晰地表达出花园的流通循环层次。新的下层空间穿过两扇带有玻璃窗的过头车库门，面向一块大型平台开放。两条用回收钢制品制成的楼梯横跨场地最陡峭的部分，并一直连通到花园里。较大的一条楼梯从上层平台的中央一直延伸到一块小草坪的边缘，整条楼梯呈一条对角线。草坪是铺设在建筑基坑的废墟之上的，包含在三面挡土墙之中。较小的楼梯连接着一条木板路和一块楔形平台。楼梯、木板路和建筑红线之间 30 cm 的间隙为直立植物的栽种预留出空地，为这座建筑增添一丝轻盈的感觉。场地北部边缘一条狭窄的木板路，使草坪和阳光甲板之间的循环通路变得完整。场地里实体建筑周围的空间被保留下来进行植物的栽种，同时铺设了一条小道，跨过流经最低海拔的溪水。用钢材和木材边角料制成的微型甲板将作为在这一陡峭而潮湿区域的入口和可靠的基础。

TYPLICAL SAN FRANCISCO
"URBAN SPRING"
HISTORICAL DRAINAGE PATTERN
PUMP
SEWERS
OCEAN
SITE LOCATION
UPHILL
DOWNHILL

泉水渗透过浅层黏土层，从土壤下面 2.45 m 的地方发源而出，从土壤里获得的黏土被用来堆塑成流经地表的水道和流域，挂在上方甲板上的铜挂装饰品将引导雨水流入地面的水道。一条竖管连同上面的定制屏风，看起来就如漂浮在水面上，一条直径 3.8 cm 的铜管将泉水引流到上方的管道中，从一面长满苔藓的端墙中延伸出来。上方管道里的泉水分别流入一个 11.43 cm 宽的水箱，以及一条海拔较低的管道中。管道中的低坝让水流连绵不断，并清楚地展示出水面的存在，较低的管道延伸到场地海拔最低处的鸢尾花湿地，将泉水引入用黑色墨西哥鹅卵石作内衬的钢框架中。框架和鹅卵石消散了水流，让其重新渗透进地表中。各等级的阀门和溢值通过调整泉水流量、重新定向泉水流向来对泉水进行维护管理。

相较于沿着场地边缘排列植物来营造隐秘感，此项目借助邻居的优型树作为风景，利用不同高度的不透明屏风来打造这座城市花园中

的隐秘感。这些屏风由风化褪色的西部红雪松木制成，并定制成精密的标度来适应场地条件。一副格架连接着邻居几何结构的围栏，上面种植着开花的铁线莲。一块 50% 不透明屏风的木板条，让邻居日本枫树的枝桠得以生长并渗透进来。阳光甲板上穿过不透光区域的一扇活动窗让人们能够长距离欣赏旧金山天际线的风景，还可观赏远处东湾小山的景色。

场地组织、结构和水设备构成了微气候及其相应植物群的框架。强风、黏性土壤、开阔的视野，以及在背阳的花园中季节性开花的计划，都是影响植物选择的因素。邻近房屋的背阳坡上种植着一片林地，里面混合着本地和外来的蕨类植物、多年生植物以及地被植物。低矮的地被植物例如苔藓、婴儿泪和蓝星爬山虎，布满了泉水和管道周围潮湿的土壤；粗草、日本血草、矮亚麻和杂色山麦冬沿着干燥的地面和房子的边缘生长排列。在湿地混合生长的常绿植物和多年生鸢尾花旺盛而茂密，在夏季开花时布满泉水周围。本土圆叶枫树被种植在泉水的附近区域，这种树木缓慢生长的习性确保在关键时候不会阻挡景观视野。一棵珊瑚角日本枫树同样因其喜阴性而被选择种植，而红色金鸡纳树则与花园中钢元素的朱红油漆罩面产生和谐共鸣。

此项目挑战了因为各式各样理由而抑制城市用水系统发展的约定俗成的说法——安全性、蚊子滋生、成本、施工过程、维护保养等。

跟许多城市一样，旧金山随着效益的发展也一直在建造和铺设自己的水文管道，以满足一直在发展和密集化的城市。尽管这只是一个小地方，也只有相对少量的水，但此项目展示了独出心裁设计的可能性。花园中泉水的引流和利用，吸引了数量惊人的城市野生动植物在此活动：圆蛛在湿地的鸢尾花叶片之间织网来捕捉水生昆虫；蝾螈在湿地木板路下面的阴暗处安家；老鹰捕食老鼠和松树；附近的野猫蹲在院子边的屏风上捕捉鸟类；浣熊、臭鼬和负鼠都是夜间拜访花园的常客。

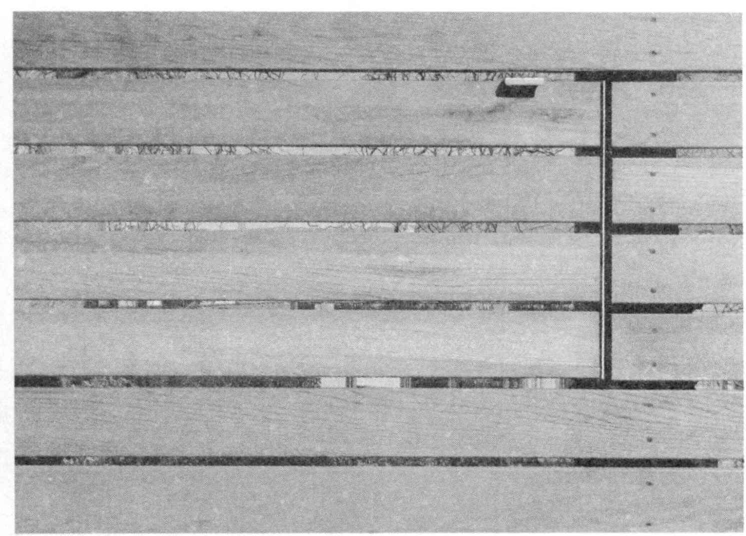

采石场城市规划

Pedreira Do Campo Urban Planning

建筑设计：m—arquitectos

面积：500 m²

地点：葡萄牙亚速尔群岛圣玛利亚岛波尔图市维拉港

摄影师：Artur Silva

Design Architects: m—arquitectos

Size: 500 m²

Location: Vila Do Porto, Santa Maria Island, Açores, Portugal

Photographer: Artur Silva

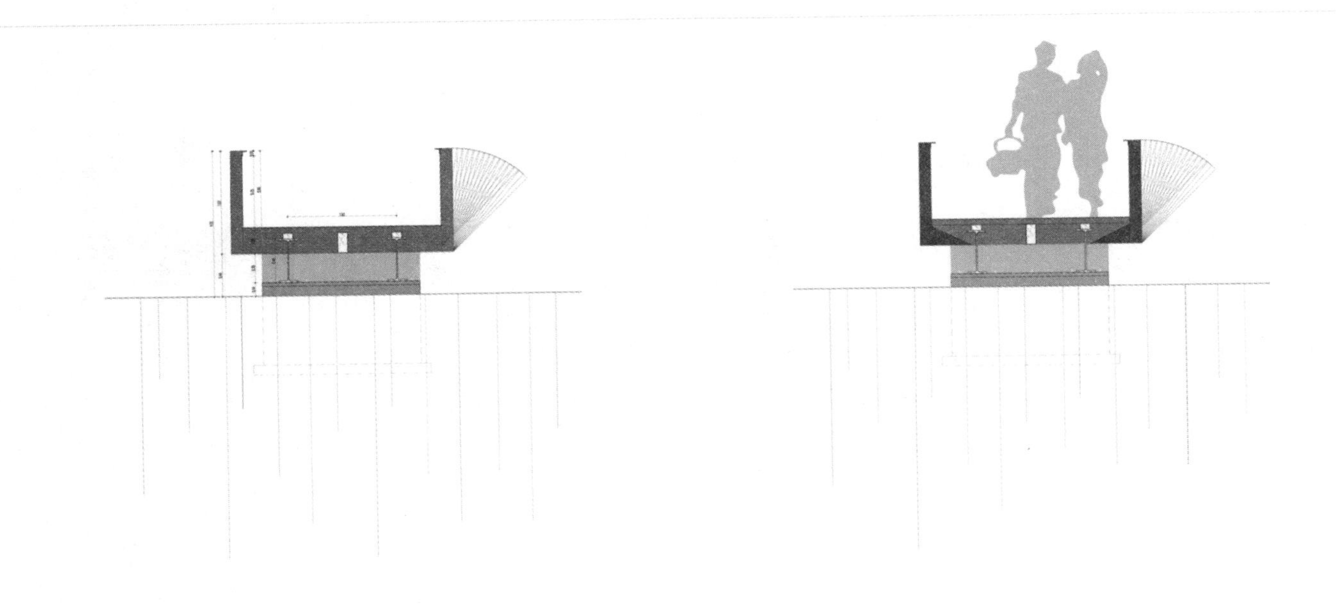

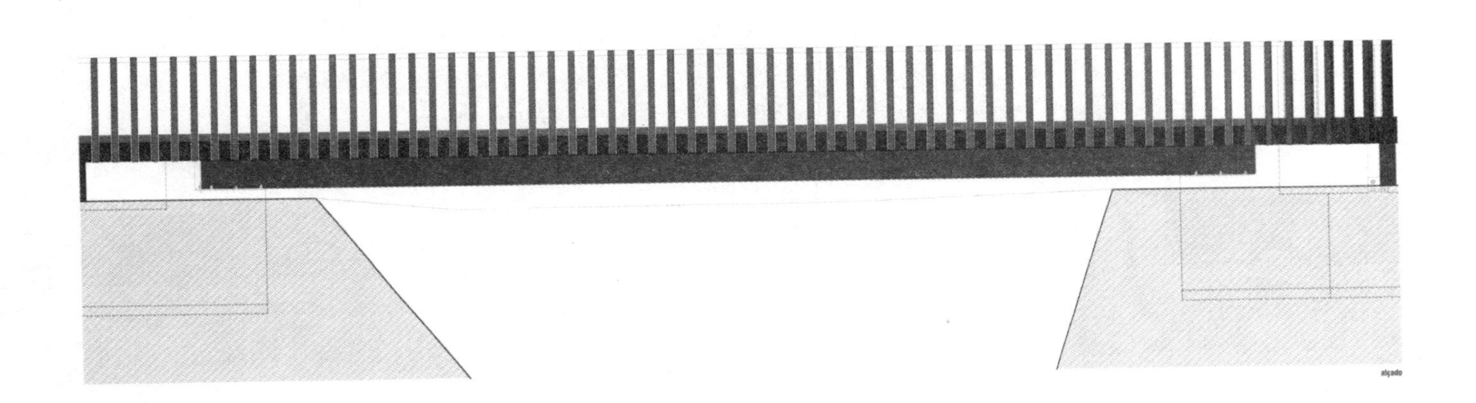

木材应用分析

为了景观能更好地与采石场的地形融合及降低存在感，设计师采用了木栈道的形式，一条为新开发的路径，另一条为通向场地原有的走道，保存历史的痕迹。木栏杆延续了栈道的材质，但并没有规矩地排列成一条垂直线，时而扭曲、时而放空，是为了与场地的特殊地形相呼应吧。为了保证栈道端口的视觉完整性，栈道末端的围栏采用了玻璃材质，让游人有更大的视野广度欣赏更为完整的场地地貌。设计的细节上，木栈道的木条宽度与栏杆的宽度和间隙相吻合，在视觉上呈现出整洁、干净美，这是很多设计师会忽视的一个方面。

基地坐落在一处非常特别的地质场地，此地蕴含丰富的化石资源。由于其特殊的科教环境，采石场被认为是一处自然历史遗迹，因此项目力求保持它的特质。为此我们计划了两种不同的走道，一种是由我们设计的，为了场地的体验目的，而另一种则连接着现存的走道，保持其历史脉络。第一条道路轻微触碰岩石地面，作为一种弱化其存在感的形式，道路的木结构揭示了与场地融合的意图。实木路径在不规则起伏的岩石地形上蜿蜒，其有机的形式与景观的视觉焦点巧妙结合，最终在南部以面像大海的高潮景观收尾。

走道的木栏杆并不仅是为了让游客更安全地行走，同时还准时地陈列出与场地有关的信息版面。在走道上使用结构性实木材料，能使设计效果达到更好的一体化展现。

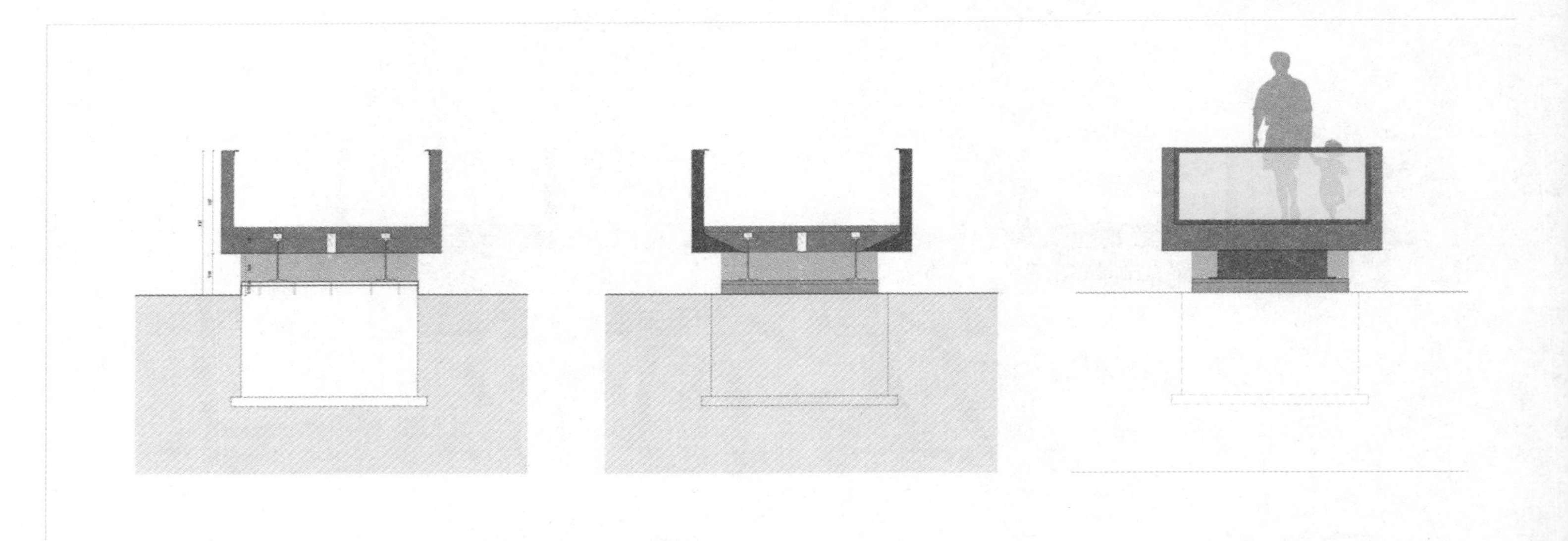

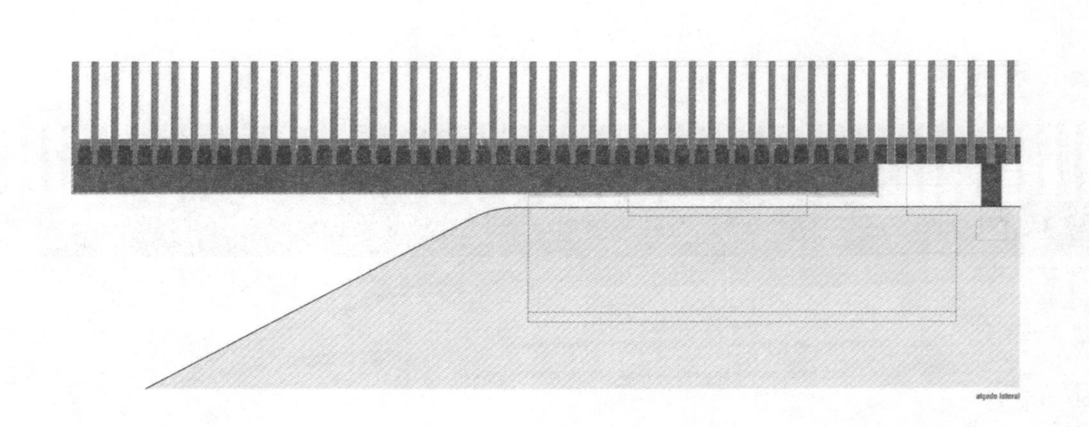
alçado lateral

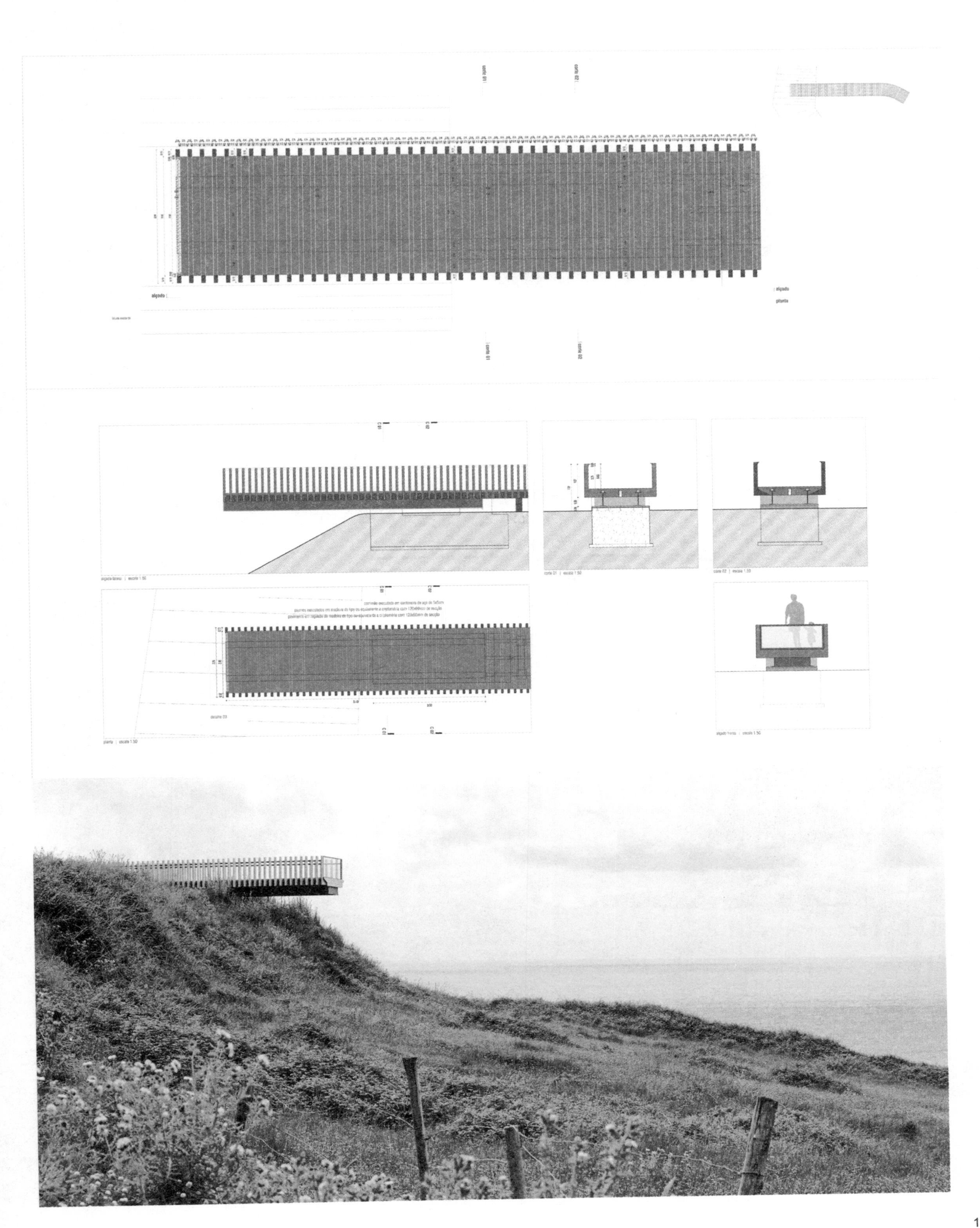

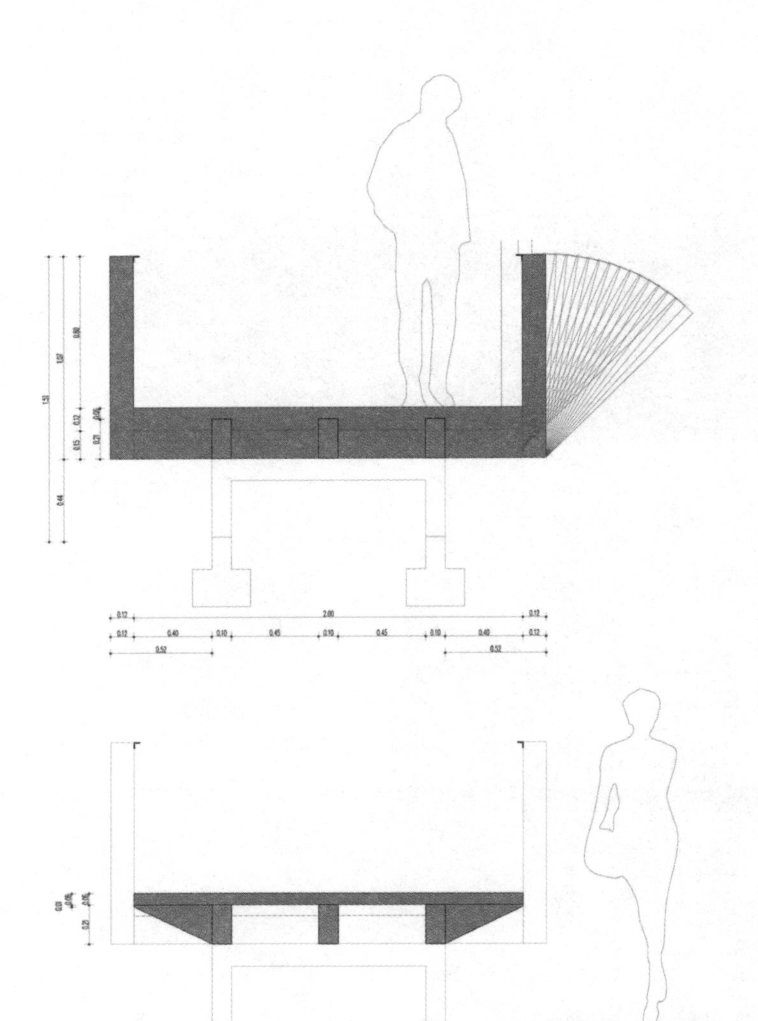
0.12 2.00 0.12
0.12 0.40 0.10 0.45 0.10 0.45 0.10 0.40 0.12
0.52 0.52
0.40 0.10 0.45 0.10 0.47 0.08 0.40

01
02
03
04
05
06

索尔伯格塔楼及休息区
Solberg Tower & Rest Area

项目设计：Saunders Architecture

景观建筑：Kristin Berg, Statens Vegvesen

面积：2 000 m²

地点：挪威东福尔郡萨尔普斯堡市

Design Architects: Saunders Architecture

Landscape Architects: Kristin Berg, Statens Vegvesen

Size: 2,000 m²

Location: Sarpsborg, Østfold, Norway

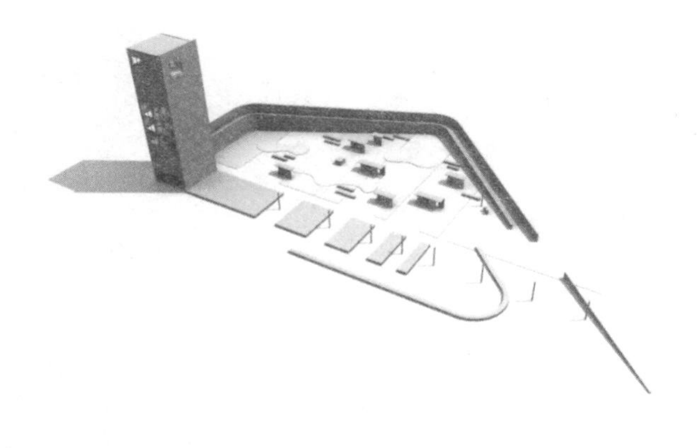

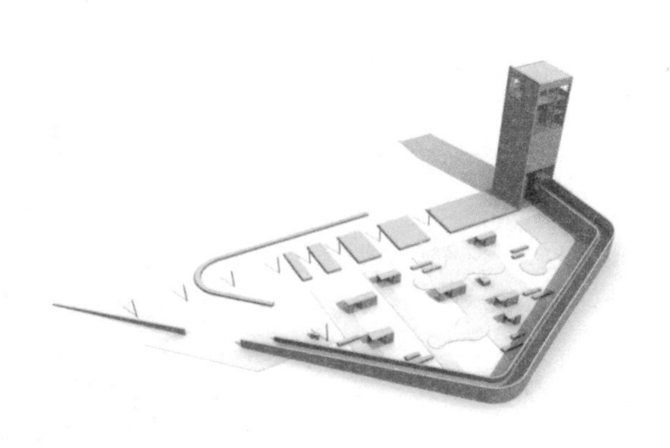

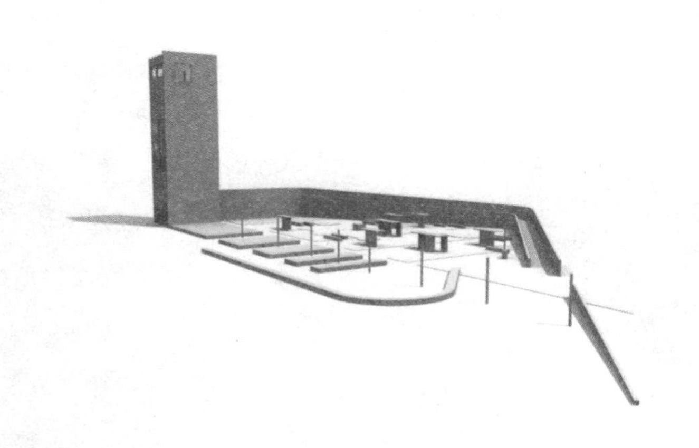

木材应用分析

这个项目位于挪威的一个旅行者必经的休息区域，在规划时并没有特定的设计条件。设计师在一片平坦的地形中建造了一座景观塔，用以眺望当地美丽的风景，周边的庭院则采用现代几何形式，与当地的传统形式形成对比。庭院内部为休闲、展示的空间，旅行者可以在此短暂停留并了解当地岩石雕刻品的有关信息。沿着庭院外侧到塔楼入口，则是用木围栏与当地特产的钢围合而成的走道。设计师采用木围栏将外围走道与庭院空间分开，提供了不同的空间感受，也保证了庭院内部的私密性。

绿意盎然、平坦而宁静的萨尔普斯堡位于南挪威的一角，是旅行者们往来瑞典的一处传统中途停留地。2004 年，挪威公路管理局连同地方政府一起找到了 Saunders，计划在此地区打造一个新项目，然而独特的是，委员会并没有预先决定针对项目的详细需求。

Saunders 回忆道："项目主管们一直在关注我的作品并让我对这个区域做点什么，尽管他们并没有一个明确的想法让我去做，在某种程度上，我不得不自己规划整个流程，另一方面这也能让我自由地发挥创造力。"为了明确场地的问题和因素，Saunders 将注意力集中到场地上，试图确定对其施工的挑战和有利条件，同时与委托人紧密合作，不仅寻求出最优设计解决方案，还制定出项目本身的大纲。

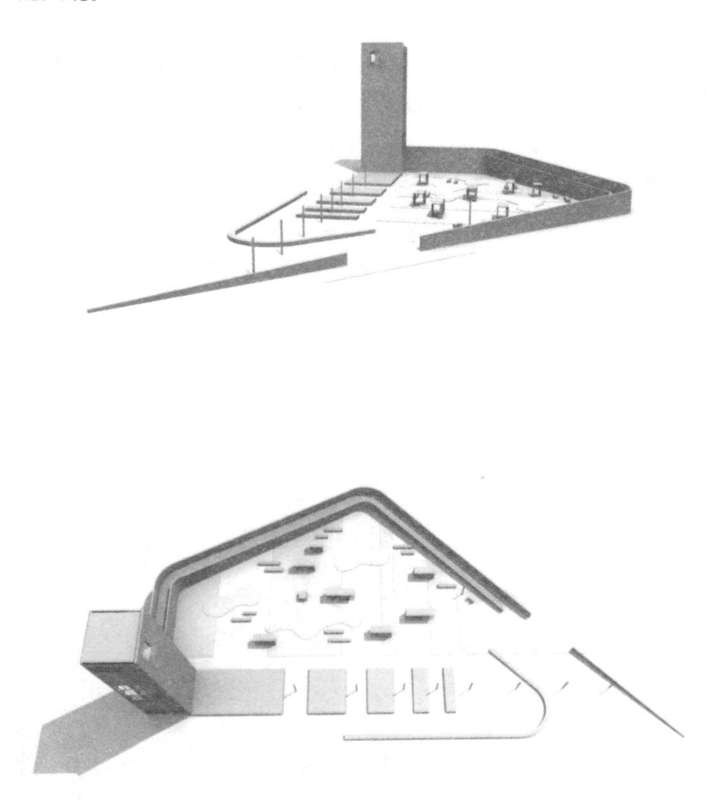

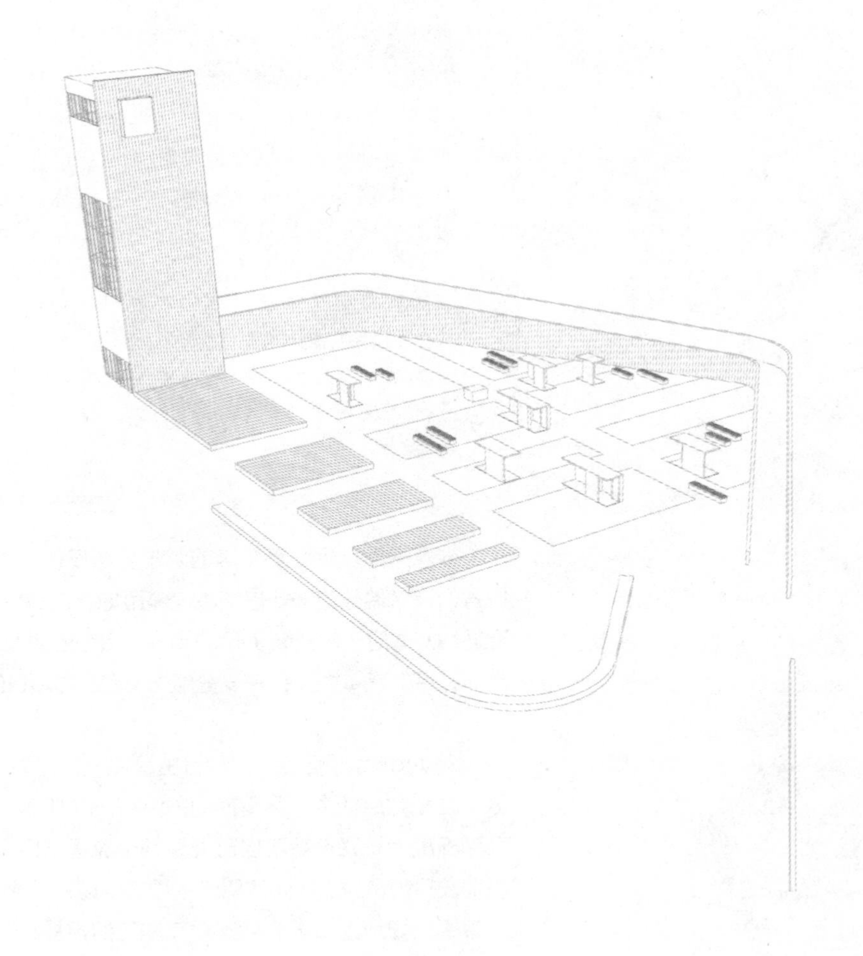

“我们探讨了场地的需求问题，并在探讨过程中确定了建筑风格”，他解释道。由于萨尔普斯堡是瑞典游客到达挪威的第一站，对于委托人来说，重要的是让旅客们在这里放慢脚步并花点时间探索和发现周围的自然风光。当地的森林和海岸线组成了这个国家美丽却仍未被大多数人所熟知的景观，邻近公路上汽车的速度和噪音只会增加游客们休息一下的需求，因此打造一处绿色休息区成为项目的重中之重。一面矮墙竖立在斜坡上，围绕在休息区周围，界定了这一 2 000 m^2 区域的边界，春天开花的果树装饰了休息区的庭院。在庭院里面，Saunders 和美术设计员 Camilla Holcro 合作设计了 7 座小楼阁，展示当地源于青铜时代的岩石雕刻品的有关信息，这是一场持续在斜坡的墙上举行的展览会。

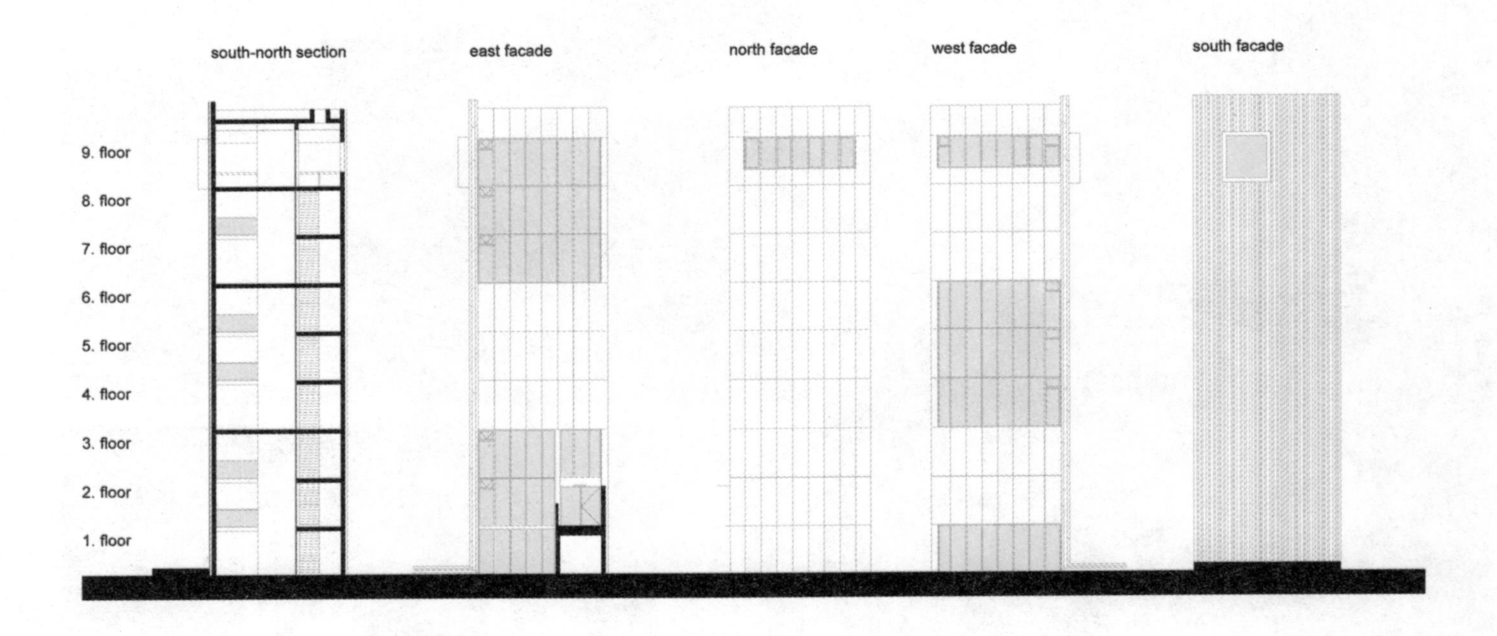
south-north section
east facade
north facade
west facade
south facade
9. floor
8. floor
7. floor
6. floor
5. floor
4. floor
3. floor
2. floor
1. floor

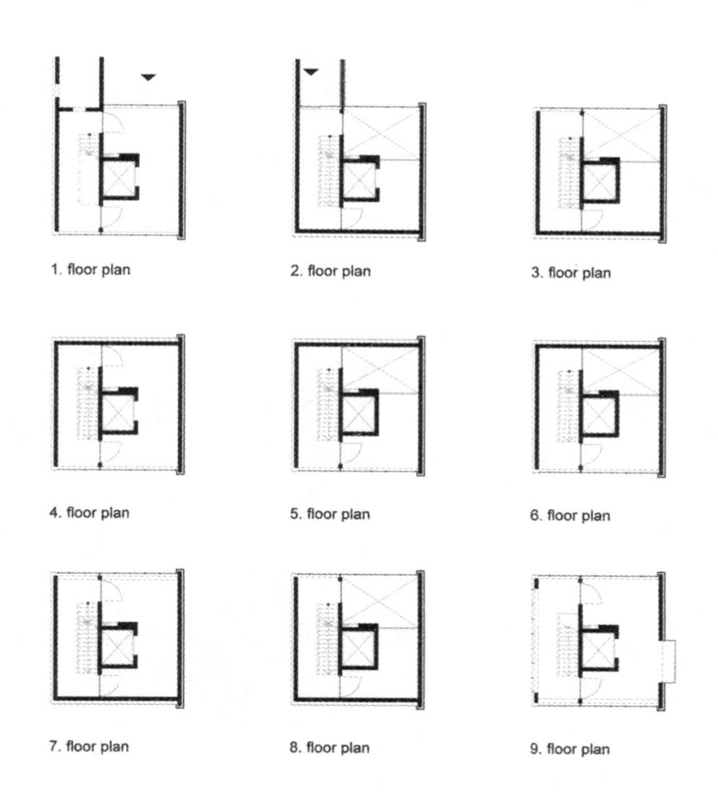
1. floor plan
2. floor plan
3. floor plan
4. floor plan
5. floor plan
6. floor plan
7. floor plan
8. floor plan
9. floor plan

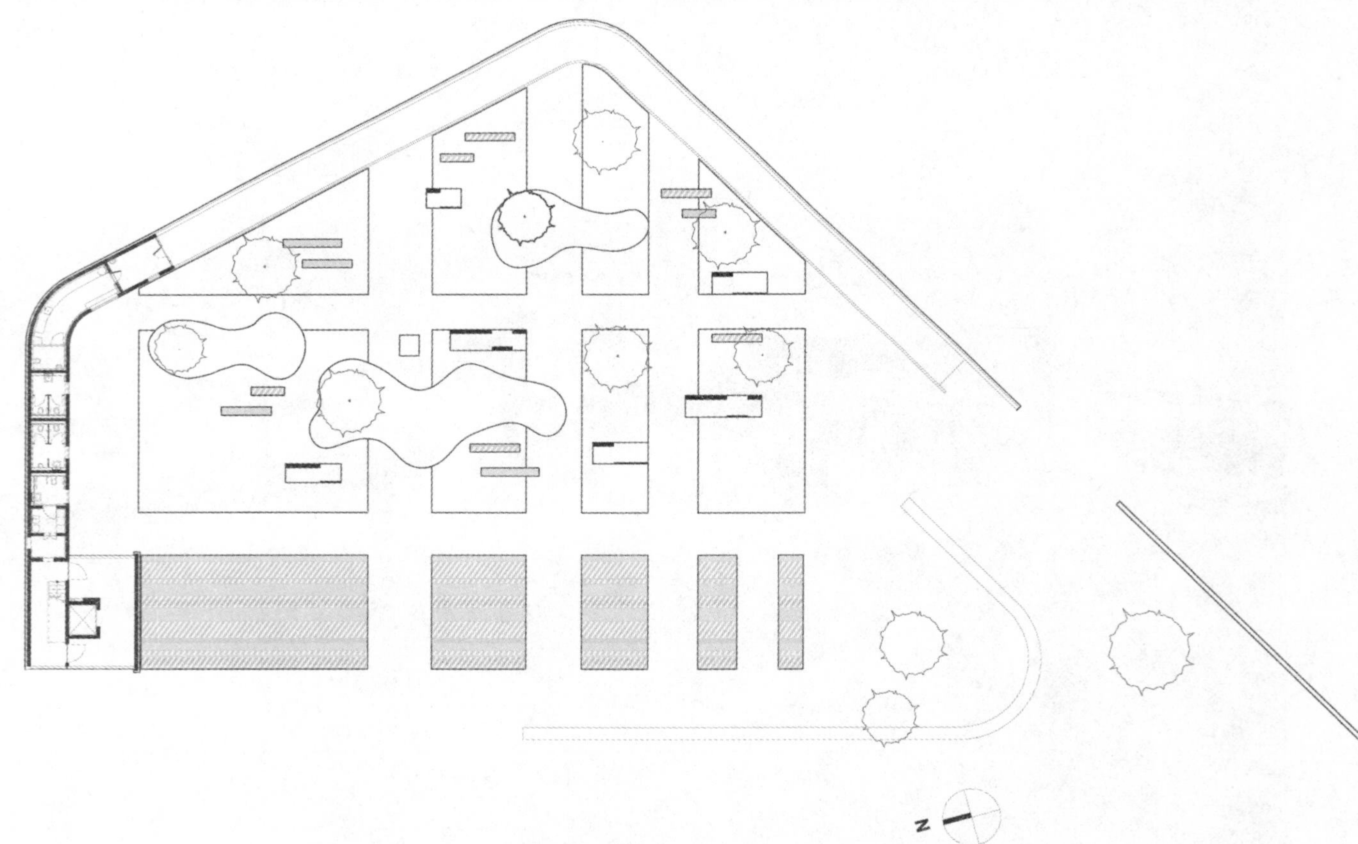
N

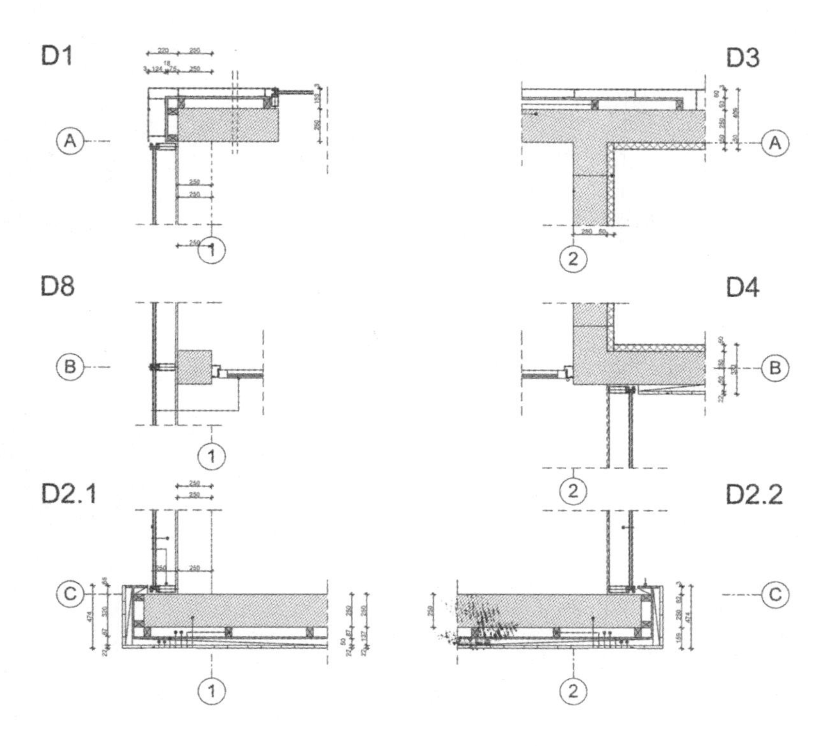
D1
D3
D8
D4
D2.1
D2.2
A
B
C
1
2

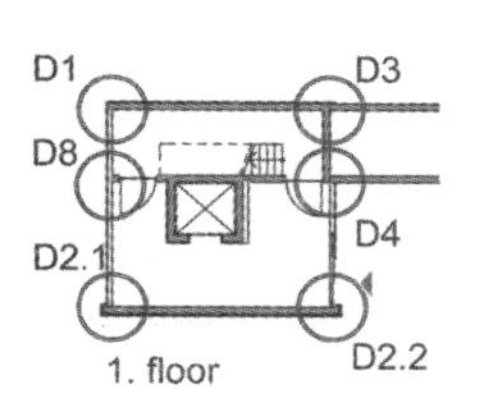
D1
D3
D8
D4
D2.1
D2.2
1. floor

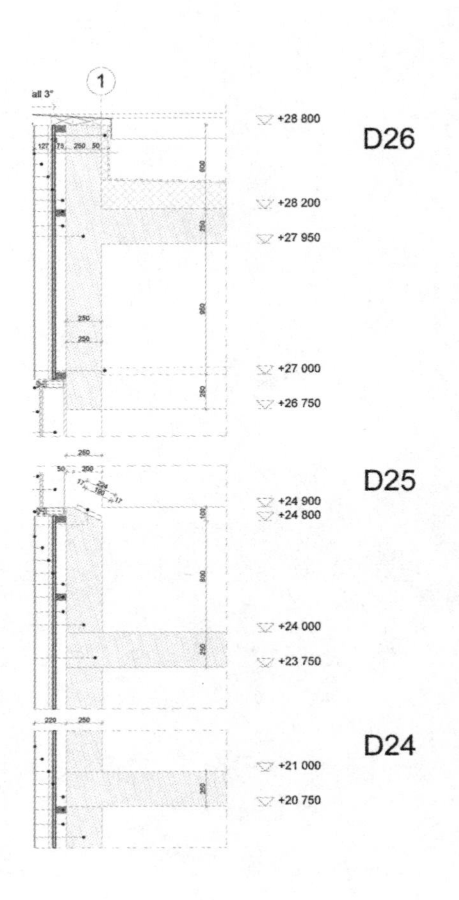

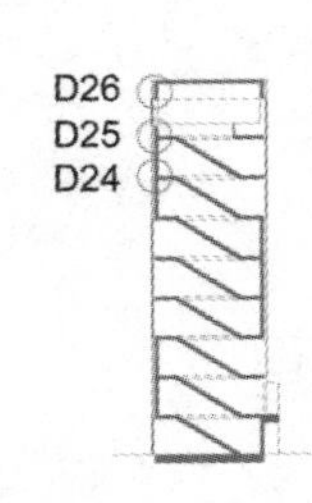

Saunders 说道，休息站附近的森林里布满了岩石雕刻品，但没有人知道它们的情况，因为每个人都匆匆驱车穿过这里走向奥斯陆机场。地形的平坦意味着周围的自然风光只能从一定的高度才能欣赏到，因此建造一座塔楼变成了项目大纲的主要部分。斜坡的非对称墙面高度在 0 ~4 m 范围内，在场地北部边缘形成一座简易的 30 m 高的九层楼建筑，其中只包括一条楼梯和一台电梯。塔楼被命名为索尔伯格（挪威语中“太阳山脉”的意思），从塔楼上鸟瞰附近的海岸线和奥斯陆机场，景色实在是激动人心。

最后，设计风格的确定因与周围的建筑相协调而立马凸显出来，选择最低限度的几何现代形状，与当地农村更加传统的形式形成对比。外墙所使用的主要材料是经过老化处理的柯尔顿钢，庭园的设计元素和信息点则应用了温暖的油硬木，地面的铺设运用的是当地板岩和细砾石。

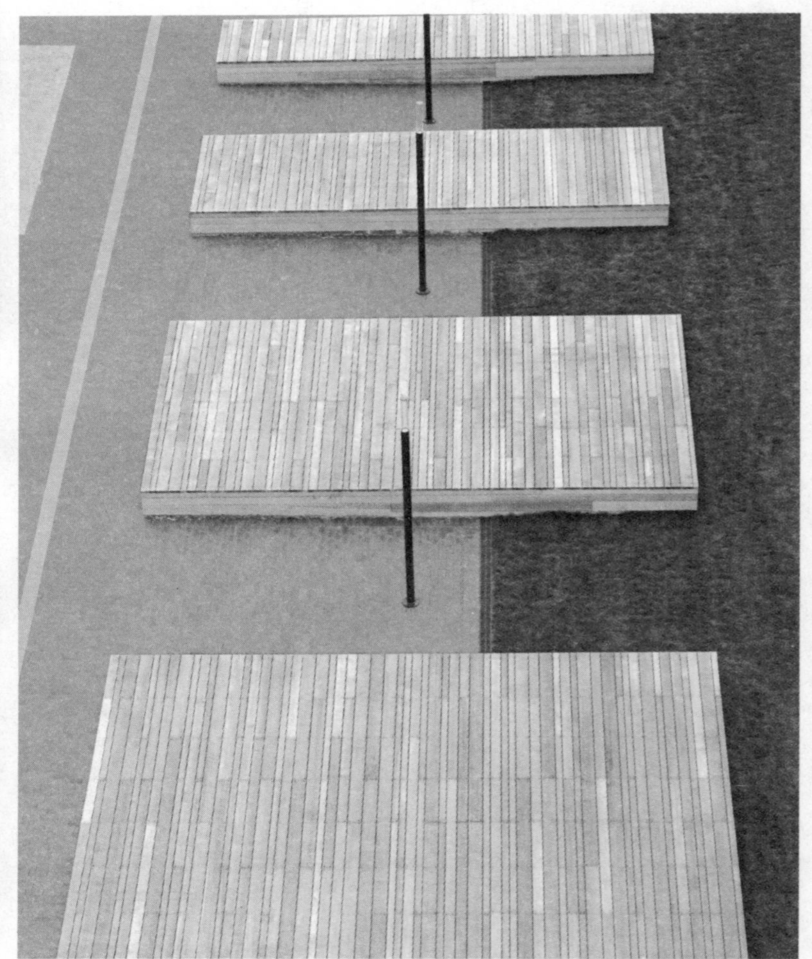

NORWAY
SWEDEN
FINLAND
Bergen
Oslo
Helsinki
Solberg tower
Stockholm
Gothenburg
DENMARK
Copenhagen

第四节　绿廊花架

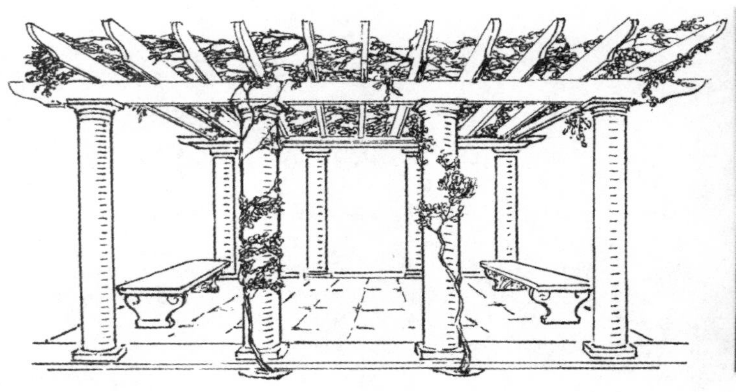

绿廊花架起源于栽植葡萄的棚架，最初用于保证植物得到充足阳光的同时又便于人们采摘，后来逐渐发展成为具有休憩功能的花园构筑物，在气候温和的地中海沿岸国家的室外花园较常见。花架传入欧洲后在欧式花园中也备受青睐，并吸收了当地的建筑元素，形式逐渐丰富起来。随着西班牙人移居美国，花架也漂洋过海，那些带有欧洲花园风格的花架与本土建筑形式融合，在造型和选材方面进一步丰富。最初的葡萄架也逐渐演变成具有赏景和点景功能的园林建筑，广泛用于城市的广场和公园。功能不仅限于遮荫，还用于展示美丽的藤本花卉和观赏果品。

1. 功能

花架多是独立承重的构筑物，立面以简洁的线形为主，布局上可呈“点”状布置，也可作“线”状布置。做“点”布置时，如同一座凉亭，形成庭院的中心景点和赏景空间；作“线”布置时，如同一座长廊，可用来划分和组织空间，增加景观层次和深度，并发挥建筑内外空间以及建筑物彼此之间的联系与过渡。花架上丰富的檩条和上面的植物可形成丰富的落影，可极大地丰富建筑或周围的环境。

2. 设计要求

用作花架的材料多种多样，应该根据所承载的植物的生理特征来选择。木材虽具有较好的弹性和自重，但对于像紫藤这样重量较大、寿命较长的植物则不太适宜。钢材具有比木材更轻的自重和更高的强度，但在强光下容易灼伤植物的叶片和枝条。石材具有很强的抗压性，但受拉时却极易破坏。因此可将木材优良的抗拉性能与钢材和石材相结合，“扬长避短”创造合理优美的花架形式。

绿廊花架常用作人们赏景、纳凉的场所，因此，合适的尺度和高宽比往往成为营造轻松、亲切怡人气氛的关键。通常其跨度在2.25～3m，柱间距在3～4m，高度在2.3～3.4m。设计不但要求各个构件的尺寸比例合适，考虑人的感受和尺度，还要与所攀爬的植物取得和谐的效果。要考虑植物的尺度，例如素馨花很难爬到超过3m的高度。

3. 花架的基本类型及结构形式

花架可分为两大类，即亭式和廊式，其中廊式由梁柱式、墙柱式、单排柱式和单柱及壁立式花架组成。花架以梁柱的结构体系为主，因构件尺寸因素无固定规律可循，需要经过计算得出。

梁柱式是大多数花架的结构形式，基本构件包括基础、柱、梁、花架条。柱与混凝土地基借助预埋的金属件锚固。柱支撑横梁，横梁支撑花架条，花架条以合适的角度接在横梁上。花架的柱具有很强的观赏性，柱子的风格在一定程度上决定了材料和尺寸的选择。柱子截面边长通常为 100 ~ 150 mm，但有时在造型的需要下，要用木材包覆的空心柱来取得与整体协调的尺度。梁可以用实心的材料，也可由板材组合而成，其尺寸主要由柱间距、花架条和所承载的植物重量来决定，同时要考虑与其他构件比例和谐的视觉感受。而花架条的尺寸由跨度、木材承重能力和受力情况共同决定。自承重的木平台在达到一定高度时，需要加支撑构件来增加结构体系的稳定性，棚架也常使用“Y”形的支撑构件。

墙柱式花架，是将木椽固定在两面或一面墙上的花架形式。在两面墙之间一般不需木梁，若一侧为柱支撑则需加设木梁。有时直接将花架条固定在单面墙上，利用花架在阳光下的光影效果来丰富建筑立面。

单排柱花架是花架中更为轻巧空灵的造型形式，在柱顶架设一列纵梁，纵梁上固定花架条，为展现形体的轻巧，花架条一般有一定的起翘。单柱花架只有一根柱架，典型的类型像单柱的亭，只是顶部呈空透的格状或放射状。一般柱顶不需设梁，直接架设交叉网格或放射状连体的花架条。壁立式花架常用来分隔空间或装饰墙面，作为围栏的变形方式或是与花架的复合方式，主要用来分隔空间。竖直的花格栅与围栏的结构相仿。

4. 细部处理及构件的连接

花架柱与地基的固定对整个结构的稳固具有重要的意义，在稳定的前提下，还应尽量避免木柱的端部与地面接触，因此可选用鱼尾板、“U”形钢夹板或靴化板等预埋的金属构件与木柱固定。木柱与梁的搭接方式与木平台的柱梁连接方式相同。当木材与其他材料混合使用时，为避免木材与潮湿结构相连造成腐烂，木材应与潮湿结构保持最小 25 mm 的间距。

花架条以类似编织的方式形成肌理，洒落在间隙的阳光使花架具有很强的艺术感染力。因此节点的处理会对整体编织肌理产生很大的影响，显眼的金属构件会在整体的、有序的编织肌理里突显出来，从而破坏整体的美感。若没有很显眼的连接构件，可利用材料的统一性，使各个构件间的逻辑受力关系成为表达和展示的重点，将构件间的冲突转化为合理的力学美展示出来。因此连接部位的处理应尽量弱化节点的连接，以相同材料的编织肌理来体现整体逻辑的有序与雅致。可采用的方式有完全连锁十字半连接，或通过几个不同方向的螺栓将花架条与梁的上端固定。这些方式都可减少连接构件对木材整体美感的破坏。另一种连接方式是将檩条与梁的侧面连接，但这样容易在接缝形成积水，而花架条的端头不具备抗腐蚀能力，容易造成腐烂，因此是不宜采用的连接方式。一旦选用这样的连接方式，应采用相应的补救措施，可用粗油麻丝将连接处密封，固定时最好不采用钉子将梁与椽子固定在一起的连接方式，而用螺栓配合托梁吊架来固定，以减少水分由连接构件进入木材内部的可能性。但这样的连接在视觉上较为突出，会妨害美观，需要进行相应的形态处理。花架的柱、梁、椽子的端头在细部处理上可做一定的切削，形成一定的形状，或加金属包覆，以起到对断面木纹的保护，也为建筑增加有趣的细部。切削的造型应适合水分快速排出，并与环境和花架风格相融合。木梁和木椽的适当悬挑可减少雨水对下部结构的影响，在悬挑不超过跨长的 1/3 时，不会引起超应力而影响到整个结构体系的稳定。花架条以同类材料和结构形式的重复出现形成花架整体形态统一感的同时，可利用间隙间洒落的阳光将韵律感赋予整个空间。因此，花架的设计除注重对实体造型的推敲外，还应该考虑光影对空间和造型的影响。

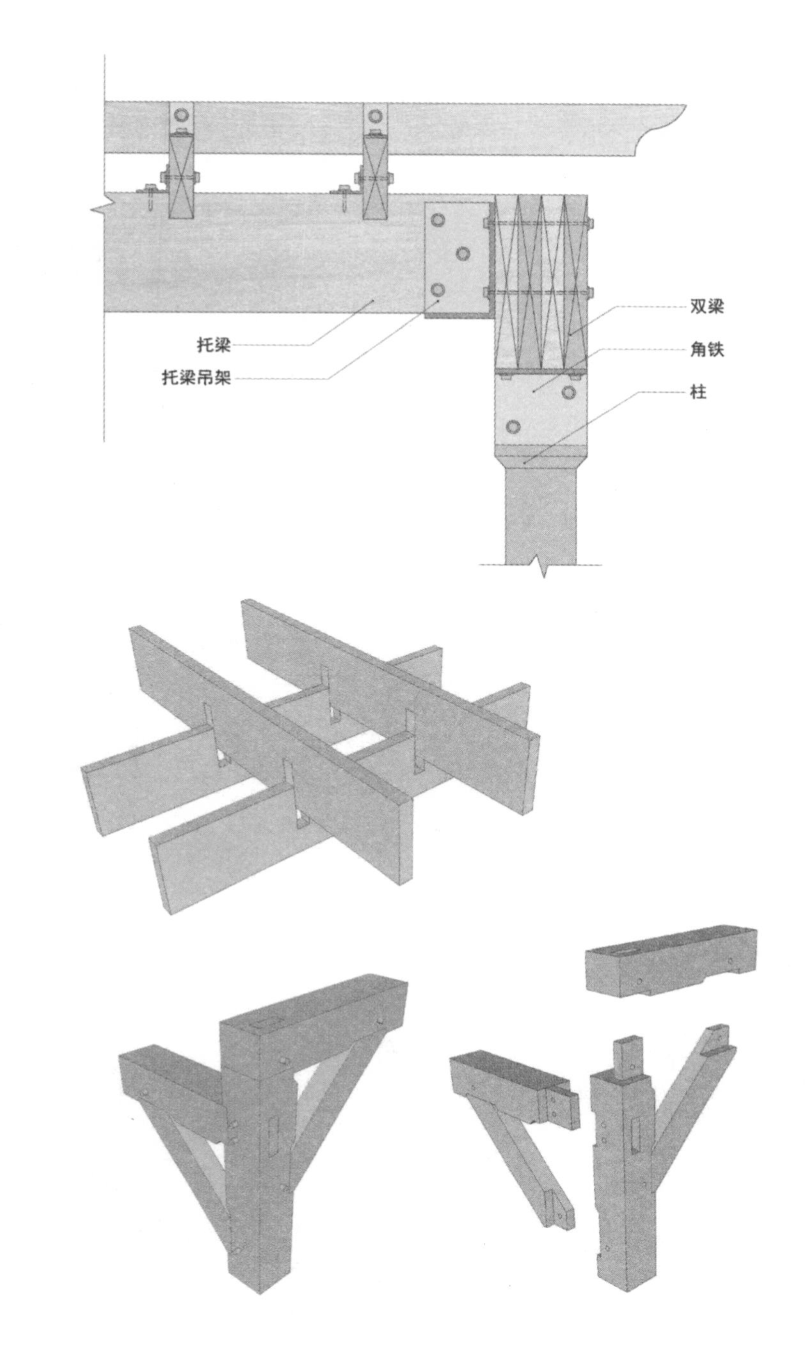

花架的形式和尺度是设计需要重点考虑的因素，应该与环境和功能相匹配。花架具有多种形式，但以木梁柱为主要结构体系。影响构件尺寸的因素不存在固定的规律，因此构件尺寸需进行计算。构件的尺寸除应考虑满足结构受力要求外，还应与整体造型和谐。连接以榫结合螺栓连接，为更好地突出花架梁和椽条间形成的编织效果，应以榫连接为主，尽量减弱金属构件突出的视觉干扰。同其他结构连接时，要注意木材的防潮处理和连接处的形态处理。

花架是园林中极富特色的构筑物之一，也可看作以植物为顶的廊，它既具有廊的功能，又比廊更通透，更接近自然。其轻盈通透的造型与质轻而富有弹性的木材有着天然的契合，更适合展现木材的材质之美和结构之美。

城市森林
Urban Woods

建筑设计：**Yoshiaki Oyabu Architects**

总建筑面积：**235.4 m²**

地点：**日本大阪市**

摄影师：**Akira Itoh**

Design Architects: Yoshiaki Oyabu Architects

Total Floor Area: 235.4 m²

Location: Osaka, Japan

Photographer: Akira Itoh

木材应用分析

这个项目概念是将自然引入到城市及室内空间中。设计师采用具有锐利棱角的现代几何木架构包覆建筑的外表皮，使木框架与建筑的柱子产生明显的对比，并在每一层楼的边缘搭配设置了种植槽，让藤蔓植物布满整个花架，以此达到概念预设的目标。同时这也是一个需要时间慢慢沉淀的项目，等木材氧化变老，待藤蔓长大，这个充满着锐利锋芒的景观建筑也许会变幻成另外一种模样。

项目坐落在城市中一条及其宽阔和繁忙的道路的旁边，设计试图灌输城市结构中的“城市森林”这一理念，在发展租户建筑商业的时候将自然引入城市结构。作为一片“小森林”，设计包括了一副木块格状架构，宽松地环绕着建筑的柱子。装置的自然元素有意将自己与主要工业场地区分开来，在矩形的柱子上产生不规则形状。木结构与建筑的外表整合在一起，为设计带来了明显的特性。

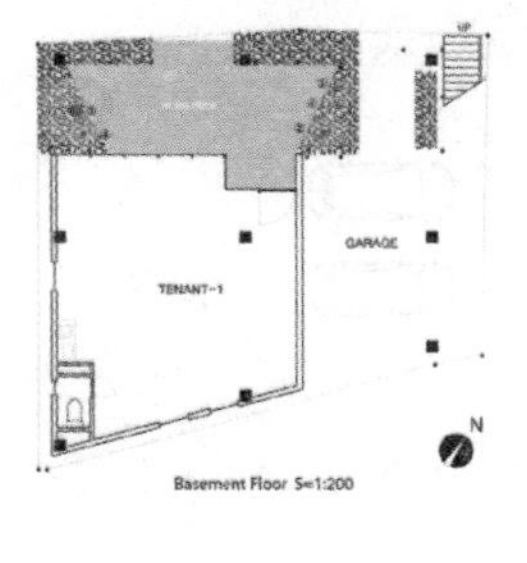

Basement Floor S=1:200

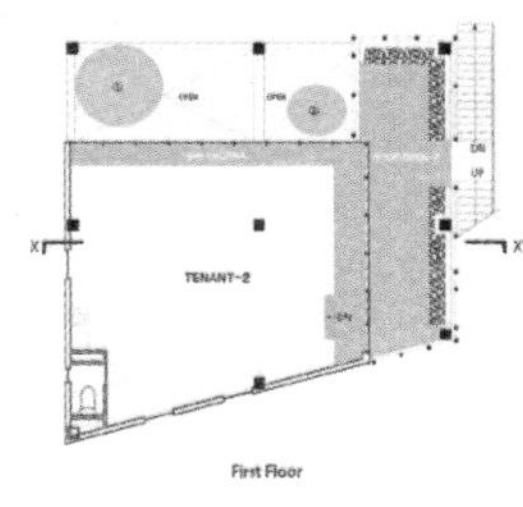

First Floor

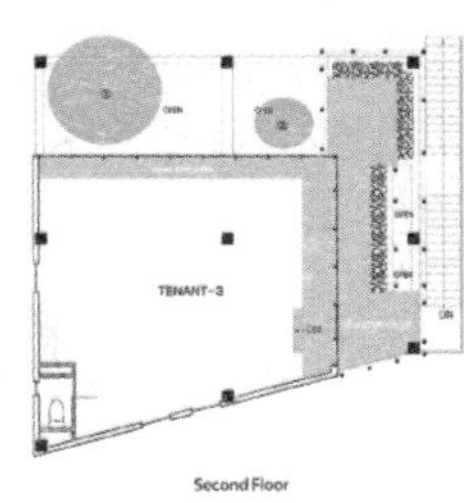

Second Floor

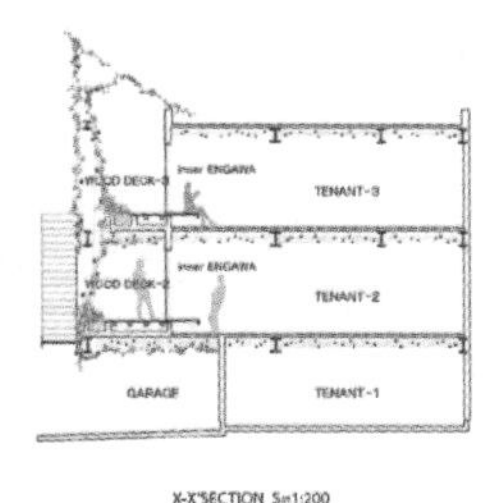

X-X'SECTION S=1:200

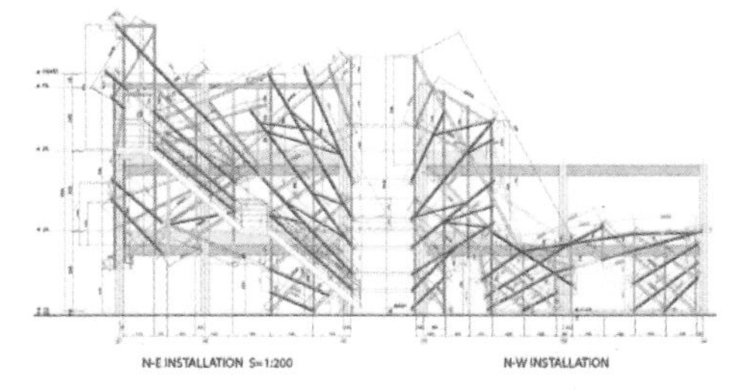
N-E INSTALLATION S=1:200
N-W INSTALLATION

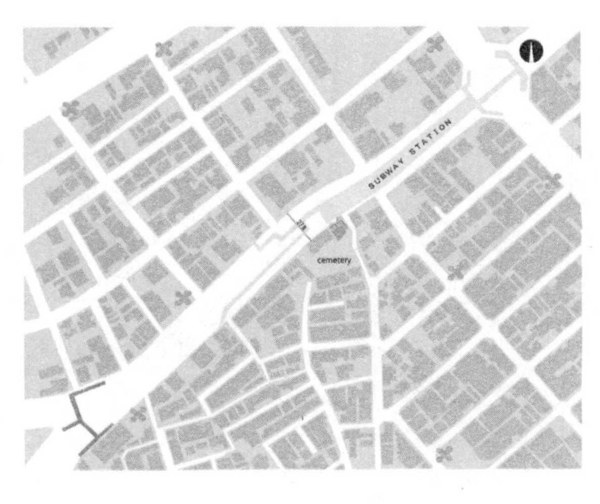

大阪市
Osaka City

大阪市
Osaka City

“森林”元素渗透到室内空间，犹如植物根系一般在天花板上蔓延，一张内嵌式长凳沿着布局侧面延伸到玻璃之外，形成了一块室外平台，提升了木装置背后的隐秘性。结果，结构成为了建筑的附加表层，透过阳光，从外向里看，增加了额外的遮蔽。随着时间流逝，未经处理的木结构会变老，并随着常春藤的生长慢慢改变建筑的外貌。

アサヒヤ

霍尔街广场

Van Beuningenplein Square

建筑设计：Concrete

地点：荷兰阿姆斯特丹市霍尔街

摄影师：ewout huibers

Design Architects: Concrete

Location: Van Beuningenplein , Amsterdam, the Netherlands

Photographer: ewout huibers

木材应用分析

为了将广场营造成一个巨大的生活空间，设计师在广场上安放了一个巨型的廊架营造出半围合的感觉。廊架采用钢结构作为框架结构，顶上的木格栅成为了“天花板”，底部的活动场所被分割成青少年中心、运动场、休闲娱乐区、外界人员出入口等四个不同主题的“房间”，通过天花板统一成一个完整的“房子”。每个房间代表了一个不同的功能，有提供给青少年的运动场所、儿童的游乐空间和家庭野餐聚会的场所，所有一切构成了一个功能丰富的社区广场。

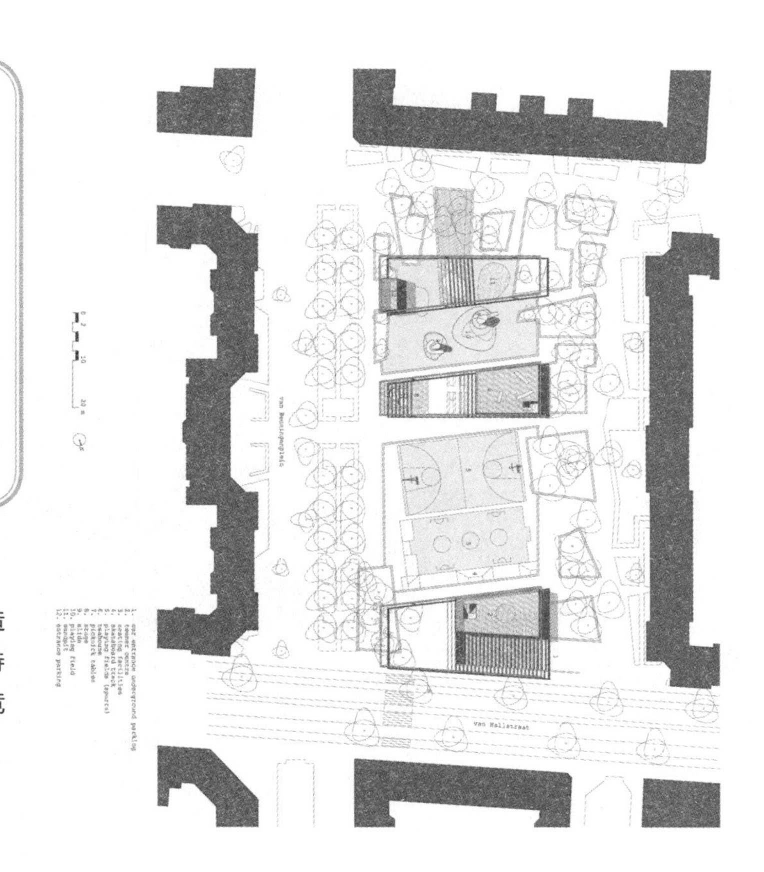

霍尔街广场位于阿姆斯特丹西区的 Van Hallstraat，由于要建造一座两层的地下停车设施而对整个广场重新进行设计。基于阿姆斯特丹西区和 Dijk & Co 景观设计的初步设想，在经过一场小型的内部竞赛之后，Concrete 被邀请设计安置在广场上的亭阁。

VAN BEUNINGEN

Concrete 介绍了在广场上为邻近居民创造生活空间的概念，并将概念具体深化成亭阁。广场的矩形空间被划分成不同区域，各区域和空间都适应于特定的功能或年龄群，空间或下沉或提高。其中 3 个区域被钢梁所包围，钢梁高于地面 4 m，连接到其中一座亭阁，这些钢梁营造出围合感，并在广场上形成类似房间的空间。木棚架梁与钢梁成直角搭接，增强了空间感受。

第一个房间位于入口区。在钢构架下面，入口同样作为车辆进入停车场的入口，连接亭阁的还包括一处被称为“车库”的青少年中心，用于青少年之间的聚会和组织各种活动的场所，屋顶有住房和足球场。下一个房间设有运动场和溜冰场。

再下一个房间则是起居室，同样是一处被构架包围的区域，里面设有野餐桌和一座舞台。舞台可以变成一处表演场地，还可以在上面安装一块电影屏幕，此外舞台还包含两处舒适的下沉式座位区和一些树木。这间有构架的房间与一座亭阁相连接，亭阁里设有茶馆和为广场管理人员准备的居住设施，经过茶馆可以到达房间的屋顶，屋顶则用作阳台。

在最后一个区域，钢结构框架连接着一座较小的亭阁，为停车场提供了额外的旅客入口。这间有架构的房间设有雕塑，蓝色的波浪状地形设置了游乐设施、沙盒以及攀爬树。秋千悬挂在木棚架横梁下，钢框架上装设有雨帘。

钢框架上装有彩色 LED 灯，在夜幕降临时将房间照亮。LED 灯光的颜色可提前一年预先进行设定，根据不同的季节和特定的日子而发出不同颜色的光亮，例如广场彩灯在情人节会变成红色，而在女王节则会变成橙色。

广场备有巨大的石头树（以及绿色花槽）、深蓝色漆的柏油路，以及放置在运动场和操场上的橡胶轮胎。几乎所有现存的树木都被妥善保存下来，并用新的植物和灌木进行增补加固。亭阁外表是巨大的玻璃外墙，外墙上覆盖着钢丝网，玻璃让亭阁看起来透明，而钢丝网则保护亭阁免受烈日的暴晒和弹球的碰撞。亭阁被绿化蔓延到的地方，常春藤会及时覆盖外墙。巨大的平开门在天气状况允许的情况下将会打开，方便人们进入青少年中心和茶馆。

第五节 亭、廊、木屋

木建筑是园林中十分重要的设计元素，它形式多样，不同文化、风格的影响使其带有鲜明的地域特征。园林里最早的建筑是用来眺望和观赏风景的，常以塔的形式出现。随着造园的不断发展和园林功能的丰富，在中国和日本的园林中分别出现了既可遮挡烈日暴雨又能与环境共融的亭和茶室。中国亭以粗大的柱子、起翘的飞檐和多变的屋顶形式，以及华丽的彩绘为特征。而在日本，茶室建筑则较为朴素、雅致，多使用天然的原木和只经过粗略加工的木质材料，配合白色的石膏墙，以材料的天生丽质作为设计表达的主题。

18 世纪，亭子随着瓷器的出口逐渐被西方人所熟知，各种富有想象力、造型奇特的建筑出现在花园和公园中。受不同国家建筑文化和气候的影响，亭、廊建筑发展出很多的形式，且装饰也愈发丰富。后受对抗工业化的园林和维多利亚时代华丽装饰的“回归自然”运动影响，设计师们将目光转向天然的材料——原木的柱子、木格栅的屋顶。连接方式以木钉和榫卯连接为主。

目前小型的木建筑在园林中依然较为常见，受传统风格和现代主义的共同影响，木建筑摆脱了华丽的装饰和繁杂的屋顶变化，以简洁的造型来突出结构和材质的天然之美。

1. 功能

木建筑在园林中除一些实际的使用功能外（如休憩、赏景、娱乐、小型的商业活动等），还具有美化、点缀园林的重要作用。基于园林建筑的特点和功能需要，木建筑除了满足必要的功能，应该有一个合乎艺术美感且与环境很好结合的造型。

2. 框架结构方式

木建筑常用的结构方式有三种：木支架结构、支杆结构和壁骨结构。木支架起源于中世纪，以大型的柱子与梁（像 150 mm × 150 mm 和 200 mm × 200 mm）组成的框架承重。与其他建造方式相比，该结构需要更多的建筑材料和更好的技术，但也同样具有很多的优点，如坚固、承载力大、耐久、具有较大的跨度，因而可创造较大的开敞空间。木支架结构可分为两种类型，一种是使用连续的梁来创造大的开敞空间，这种结构中的梁是由大的木材或胶合木构成的; 另一种类型是使用连续的柱子。通常情况下，依功能需要和材料情况不同，两种方式结合使用。

支杆结构是最古老的建筑结构，它可以追溯到石器时代。它利用支柱和支杆组成结构体系，而以格栅板或箍梁代替梁。支杆和支柱可以直接固定在土壤中，也可以固定在混凝土支墩或基础上。目前由于支杆的承压能力不断提高，基本可满足园林中的各类建筑形式。同时机器切割支杆的方法以及预应力杆和柱的使用，极大地简化了建造过程，应用日益广泛。

壁骨结构又叫平台框架结构，较常用于美国的住宅及小型木构建筑，如公交车亭、棚、遮棚类建筑。与木支架依靠点支撑不同，它是依靠承重墙来承重，重量由许多竖直的墙骨分担，并于拐角处连接将重量传至地基，墙骨的规格在 50 mm × 100 mm 到 50 mm × 150 mm 之间，依据墙的厚度决定，在承重墙壁骨间的距离是 400 mm，在非承重墙则可放宽到 600 mm。而墙内部的开敞空间依靠过梁传给墙的其他部位，一般过梁由两个 50 mm × 150 mm、50 mm × 200 mm、50 mm × 250 mm 的木板构成。壁骨分别与顶板和底板以钉固定。

园林中的木建筑，为达到通透与环境相融的目的，一般不使用墙和格栅等围护结构，而以木支架结构为主。为使建筑在环境中尽量轻盈透明，可采用没有围护体系的梁柱结构，利用柱上辐射出的支撑结构，使屋顶具有深远的挑檐，这样，大体量的建筑也会因为富有动感而显得轻盈。

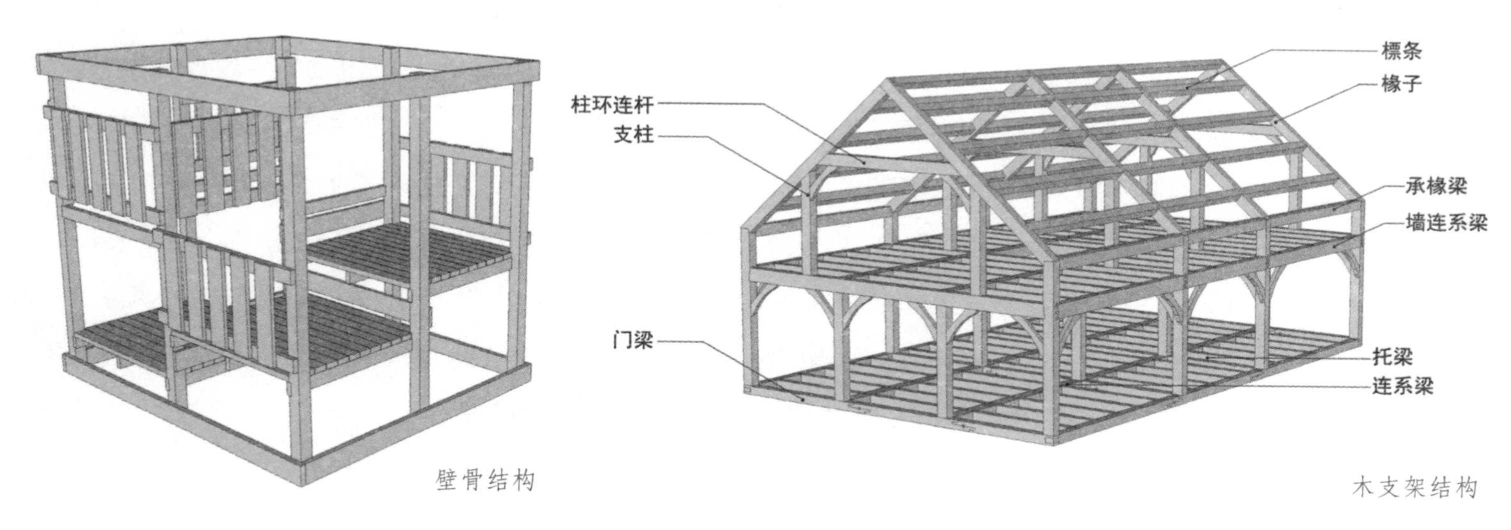

壁骨结构

木支架结构

支杆结构

3. 屋顶结构

园林中木建筑的屋架可由椽、桁架或二者结合构成。平屋顶结构相对简单，是一种以梁和托梁共同组成屋顶的结构体系。室外的木建筑一般采用坡屋顶，其形式可以是单坡、双坡、多边形或弧形坡屋顶。单坡是坡屋顶中最简单的形式，由不同高度的柱梁组成框架结构，上架设托梁构成。双坡是坡屋顶的基本形式，在双坡屋顶的基础之上可变化产生多边形屋顶、圆屋顶、叠形屋面。其中以多边形和弧形受力最为合理，用料省，且节点连接简易。双坡面屋架的基本结构是由相同高度的柱或墙支承梁，椽分别与梁（或顶板）和脊檩固定。为了防止椽发生向内弯曲和外扩的可能，常在椽中间增加一个水平的拉杆，将椽固定在一起。屋架的结构体系并非一成不变，在满足力学关系的前提下，它可以因造型和材料等原因发生变化，如使用了檩而没有使用椽。有时结构构件通过处理也可具有很强的表现力，如密排的椽赋予顶棚平面以节奏和纹理。

在北方需要考虑积雪对屋面的压力，因此构件的截面尺寸较大；而在南方，风会对屋顶造成很大的压力，因此对构件连接的稳定性有着更高的要求。

屋面的高宽比最小为 1/5，通常 5/12 的比例看起来较舒服。建造大型构筑物时，为获得较大的跨度和开间，常使用预制的木桁架结构。木桁架是由镀锌钢板连接的三角形单元组成的工程结构框架。它具有较高承载力与重量比，允许在没有垂直支撑的条件下获得较大的跨度，为建筑平面布局提供更大的灵活性。利用计算机的辅助设计，桁架可创造出各种形式的屋顶。其变化的间距受建筑平面形式、屋顶其他构件的尺寸和变形程度共同影响，一般控制在 3 m 左右。

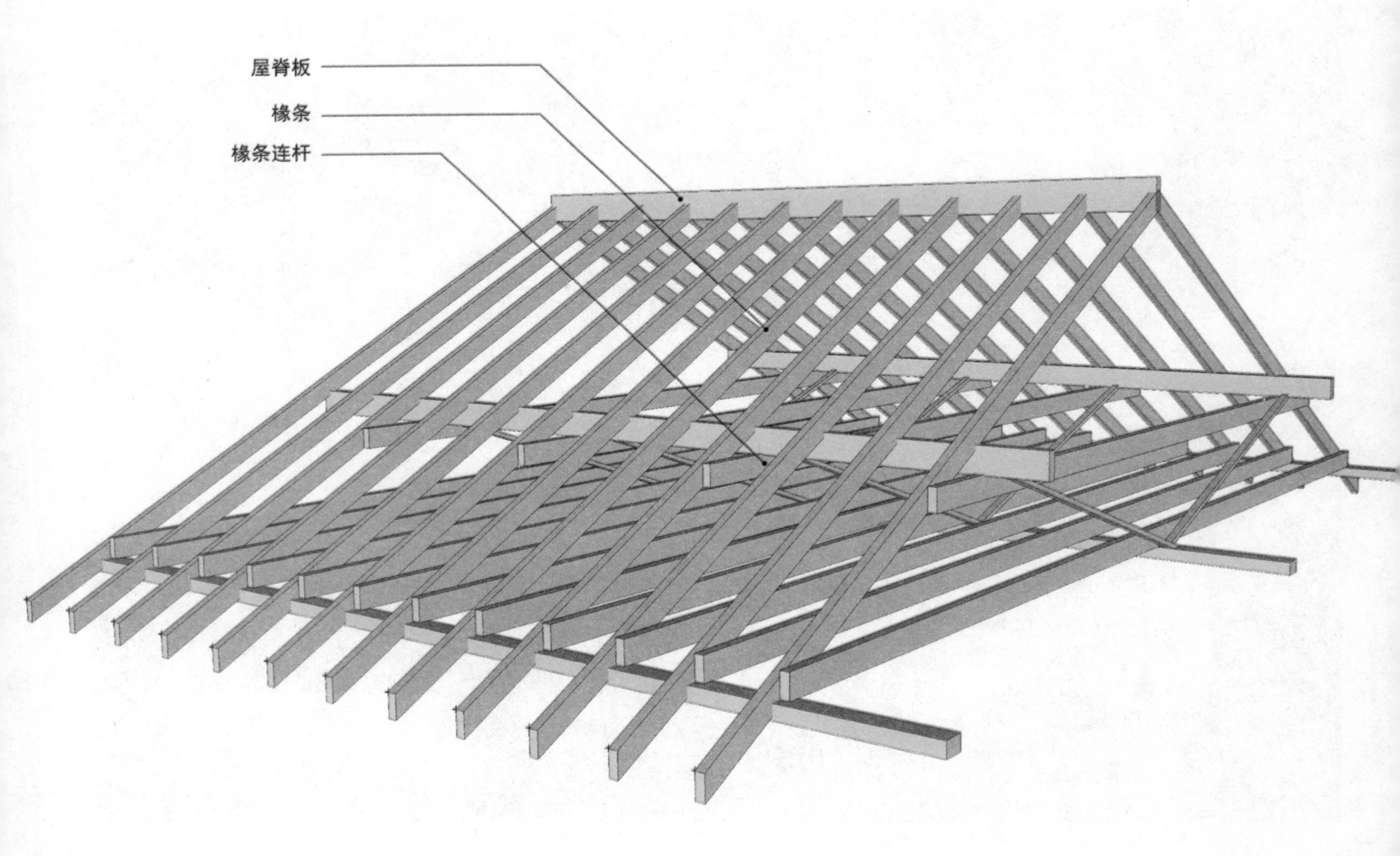

4. 屋面结构

屋面的构造一般由防水材料、屋面板和屋面木基层组成。屋面是屋顶的围护部分，使之不受雨、雪、风霜以及太阳辐射的影响。屋面木基层是屋面的主要承重构件，一般使用厚度为12.5 ~ 18.8 mm 的防腐木板。屋面板具有防水和使屋面形状更加完整突出的作用，选择范围很多，像沥青、板岩和雪松制成的瓦，也可是金属波形板或陶瓷瓦。为减少雨水对下部的影响，椽子的端头常做一定的悬挑，这样的处理也使建筑显得更加轻盈。

5. 连接方式

早先的木建筑尤其是梁柱结构的木建筑，多采用榫卯连接，不借助机械的构件，利用各个构件之间的力学关系，在木材上做相应的榫碗和榫头，以镶嵌方式互相连接。这样的连接方式在构件的表面没有留下任何印记，突出了工艺的巧妙和精湛。目前设计多使用金属构件，通过细部的处理使得以功能为主的连接构件合乎艺术的美感，而成为现代木建筑设计的又一特色。利用金属构件配合榫卯连接，改变了传统古建亭中臃肿膨大的中柱形态，形成更加洗练简洁的现代式望柱。因榫卯连接往往需要一定的材料挖损，为保证构件的强度往往需要加大构件的尺寸，而金属连接件的应用则有效地解决了这个问题。整体建筑采用相同的材料会产生和谐感，但也容易平淡而乏味。悦人的视觉感受往往来自于材料的对比性，但不恰当的突出与对比，往往让人产生缺乏细致考虑而粗糙的感觉。合理的设计可将不同材料的特色与它们之间的精准结合完美体现，而产生愉悦和动人的建筑美感。

壁骨结构中常使用钉将墙骨分别与顶板和底板相连，与顶板连接用直钉从顶板钉人墙骨，与底板连接用斜钉由墙骨钉人底板。屋架连接多使用栓连接和齿板连接。

园林中的木建筑从功能的角度出发，以木台架结构体系居多。屋架的形式多样，以椽檩形成的双坡面屋架结构为最基本的形式，其他的屋顶形式可在此基础上变化而成。木桁架在屋架结构中的应用对于园林的意义远不止是提供了大跨度，它使各类自由曲面以及富有流动感的屋顶形式采用较为简便的方法就可获得，极大地丰富了木建筑的形式。各构件的连接以金属件配合榫卯连接，改变了单纯使用榫卯连接时膨大的节点处理。

观景露台亭阁
View Terrace and Pavilion

建筑设计：**Didzis Jaunzems Architecture**

面积：**50 m²**

地点：**拉脱维亚“命运花园”纪念公园**

摄影师：**Maris Lapins**

Design Architects: Didzis Jaunzems Architecture

Size: 50 m²

Location: Memorial park “The Garden of Destiny”, Krievkalna Island, Koknese, Latvia

Photographer: Maris Lapins

木材应用分析

这是一个将建筑与景观紧密结合的项目。设计师强调道加瓦河的景观水平性且保证构筑物不破坏场地原有的景色，将木亭阁顶部与木栈道结合在一起，平缓流动的景观立面与场地地平线相呼应。建筑物的外形有意避开了场地生长的乔木而呈现出最终的形状，与自然合为一体。建筑顶部是看台，底部是供人休息的区域，双层的设计满足了不同人的观景需求，并且在雨天也可供人停留避雨。座椅、露台都被安置在景观角度最佳的位置，以保证游人可以欣赏到最美的风景。

观景露台亭阁坐落在“命运花园”纪念公园里面，这片给人以慰藉的土地根据岛屿的全面计划方案，是计划开发的第一个区域。命运花园是为了纪念 20 世纪为拉脱维亚牺牲的所有人民，让他们的灵魂得以安息的地方。花园将在 2018 年竣工，作为国家百年华诞的礼物。观景露台项目源于一次建筑设计竞赛，在后来捐赠者的帮助下，成为纪念公园里第一座建成的永久性建筑。观景露台项目获得了拉脱维亚建筑最佳作品奖。

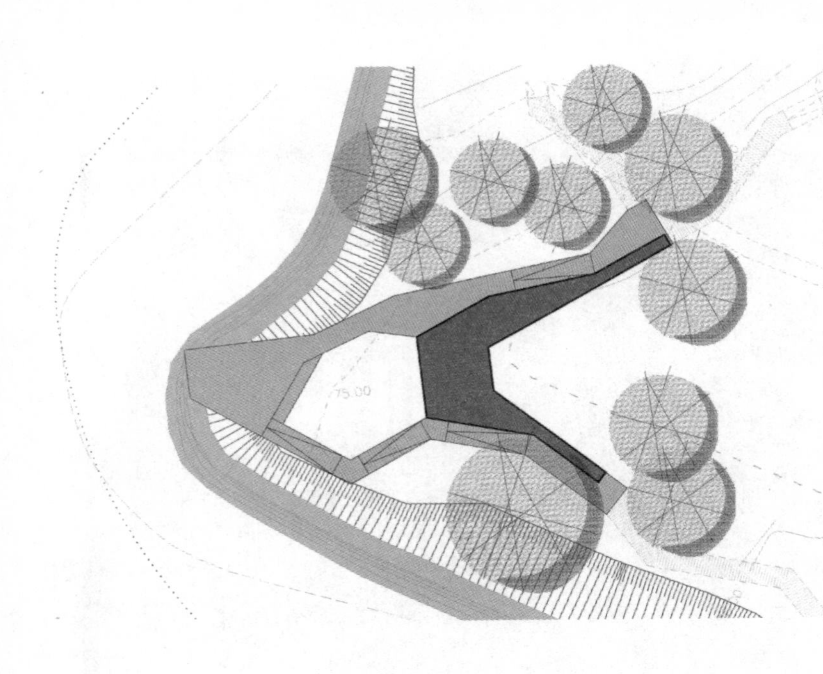

观景露台亭阁营造了一个和谐的环境，场地还有一个独特的观景视角——道加瓦河上的空间感和遥远的地平线。项目强调了拉脱维亚人民和自然之间紧密的关系。自然是内能、力量、和平及灵感的来源，在项目中是优先考虑的，因为它是拉脱维亚人民的精神支撑。建筑在设计的过程中，考虑到了场地细节和与周围自然环境的协调一致：

——对人流动线进行分析，游客在走近场地的过程中，确保建筑不会阻挡欣赏河流全景的视线；

——长凳和屋顶下的空间等停留点位于观景角度最佳的位置；

——建筑的外形经过静心设计，以保存场地中大部分有价值的树木；

——项目设计利用了地形高度差，亭阁有一部分下沉到地面，因此在靠近建筑的过程中不会遮挡视线，并在露台的最低处开辟了一个舒适的入口。

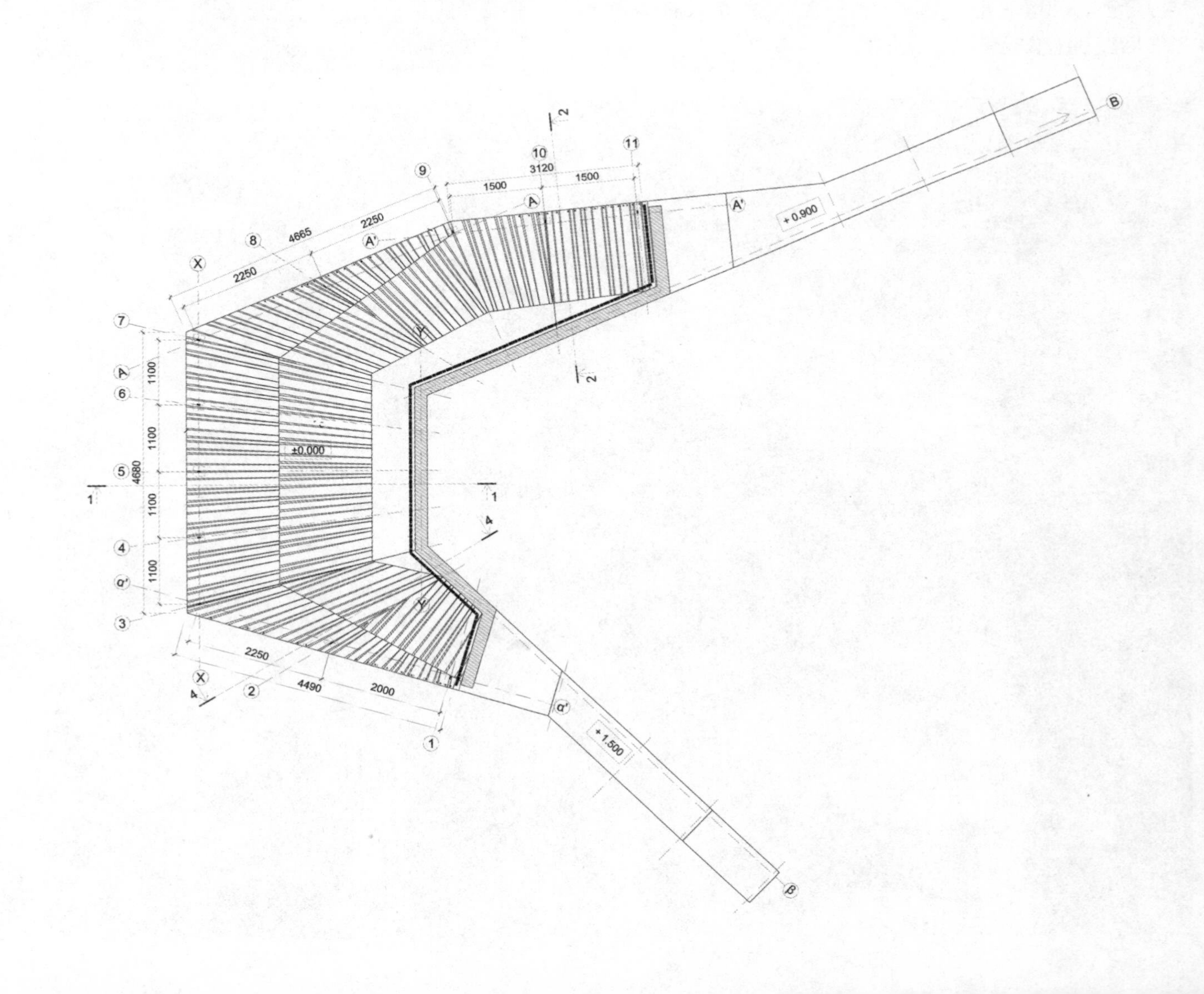

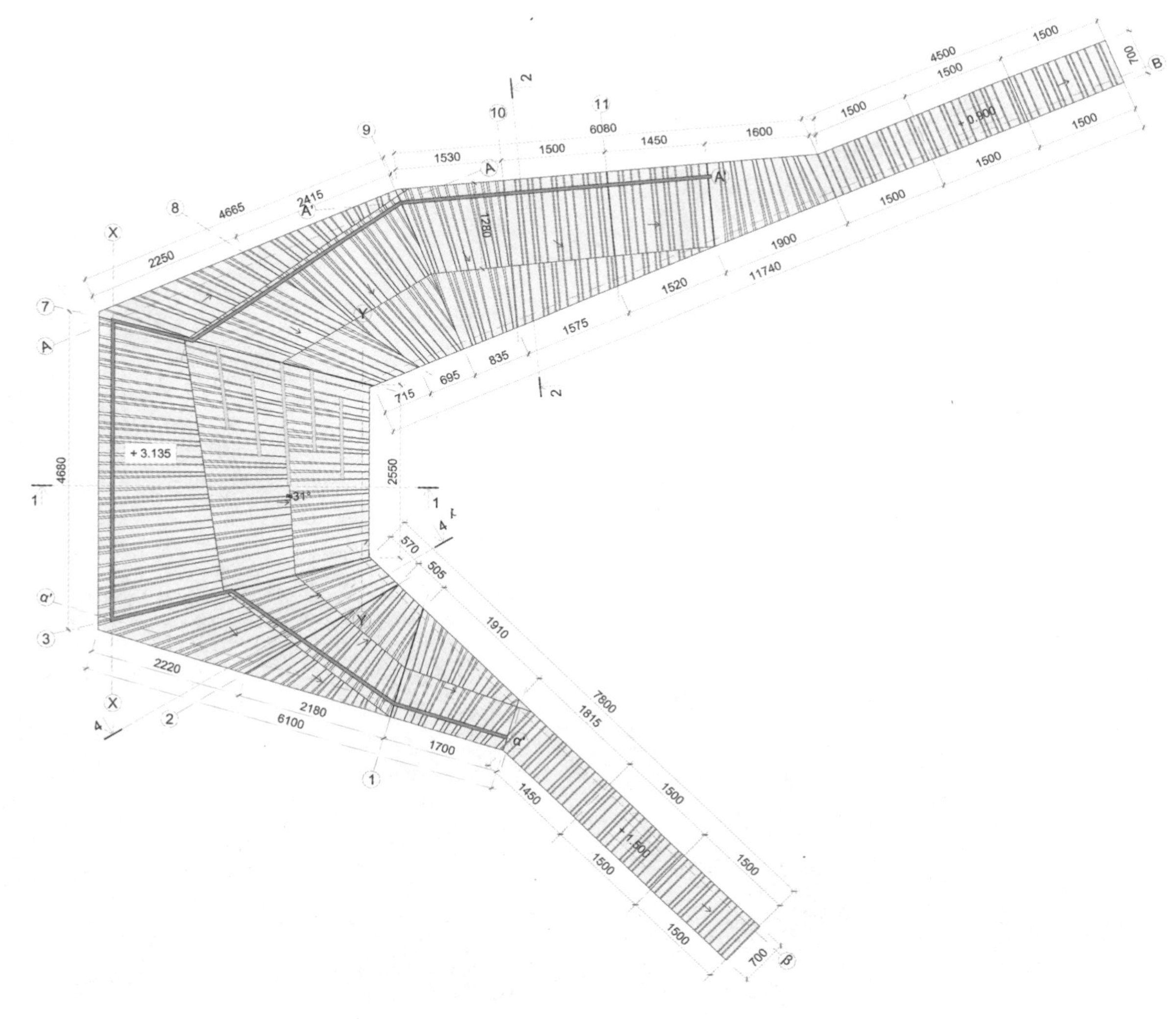

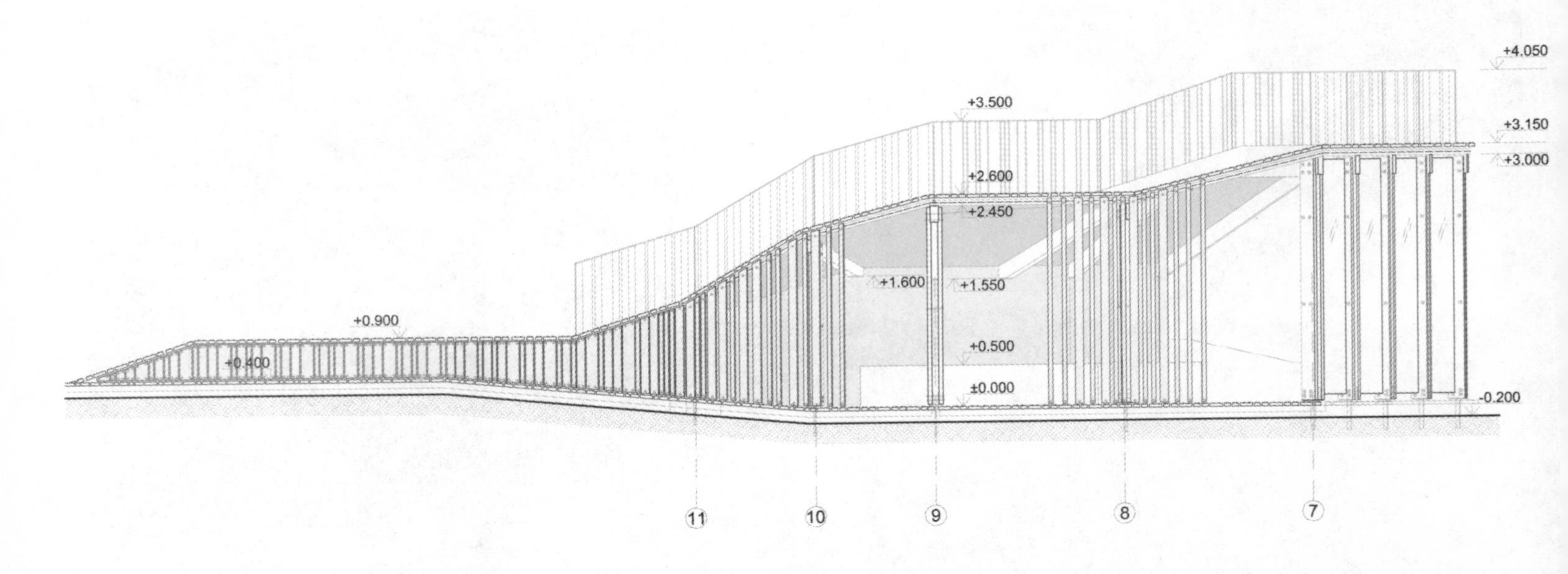

观景露台亭阁使“宽阔”的等级多样化，这样在各种天气条件下都能使用建筑，还可以让游客选择在情感上最适合他们的等级。举个例子，在雨天或者大风天，人们可以在覆盖有屋顶和有大型玻璃保护下的亭阁内观赏景色；而当天气情况良好，则可以把长椅移到室外使用。建筑可以被视为人与自然和谐互动的一个平台。

项目的主要建筑学理念是建造体积，根据人们的行走路径和座椅的移动轨迹，在此基础上建造一座建筑，并在河流的岸边探索建筑位

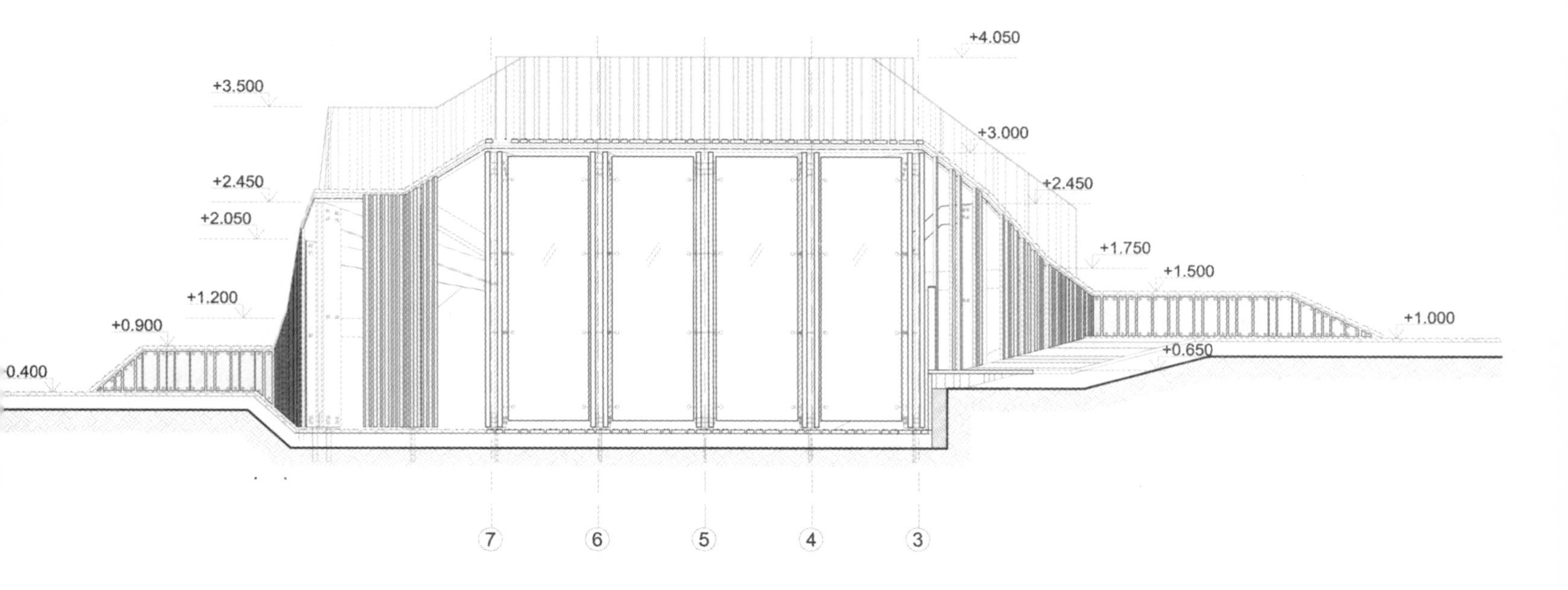

置。屋顶倾角可作为一处激动人心的地方，供游客玩耍和放松。项目的主要挑战是其高度——因为项目是为每个人而建的，是利用公众捐款得以建设的。建筑的结构非常紧凑，其配置和各种各样的可能性用途要能够满足社会各界的需求。从这一年开始，拉脱维亚的情侣们正式可以在教堂之外举行婚礼，观景露台无意间便成为一处非常流行的结婚典礼举办地。观景露台亭阁由落叶松木材制成，承重结构是落叶松木框架，表面覆盖的落叶松木板经过特殊工艺的处理，能够防止路面和建筑屋顶过于光滑。

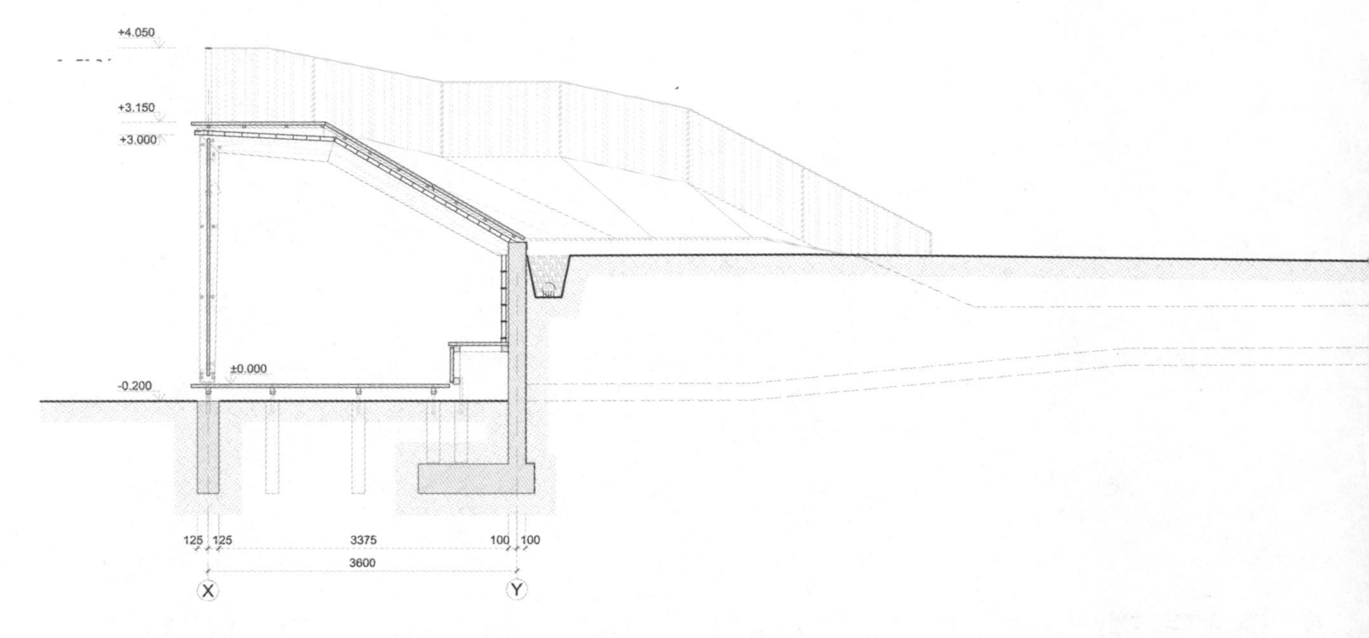

剖面图 1-1 SC. 1:50

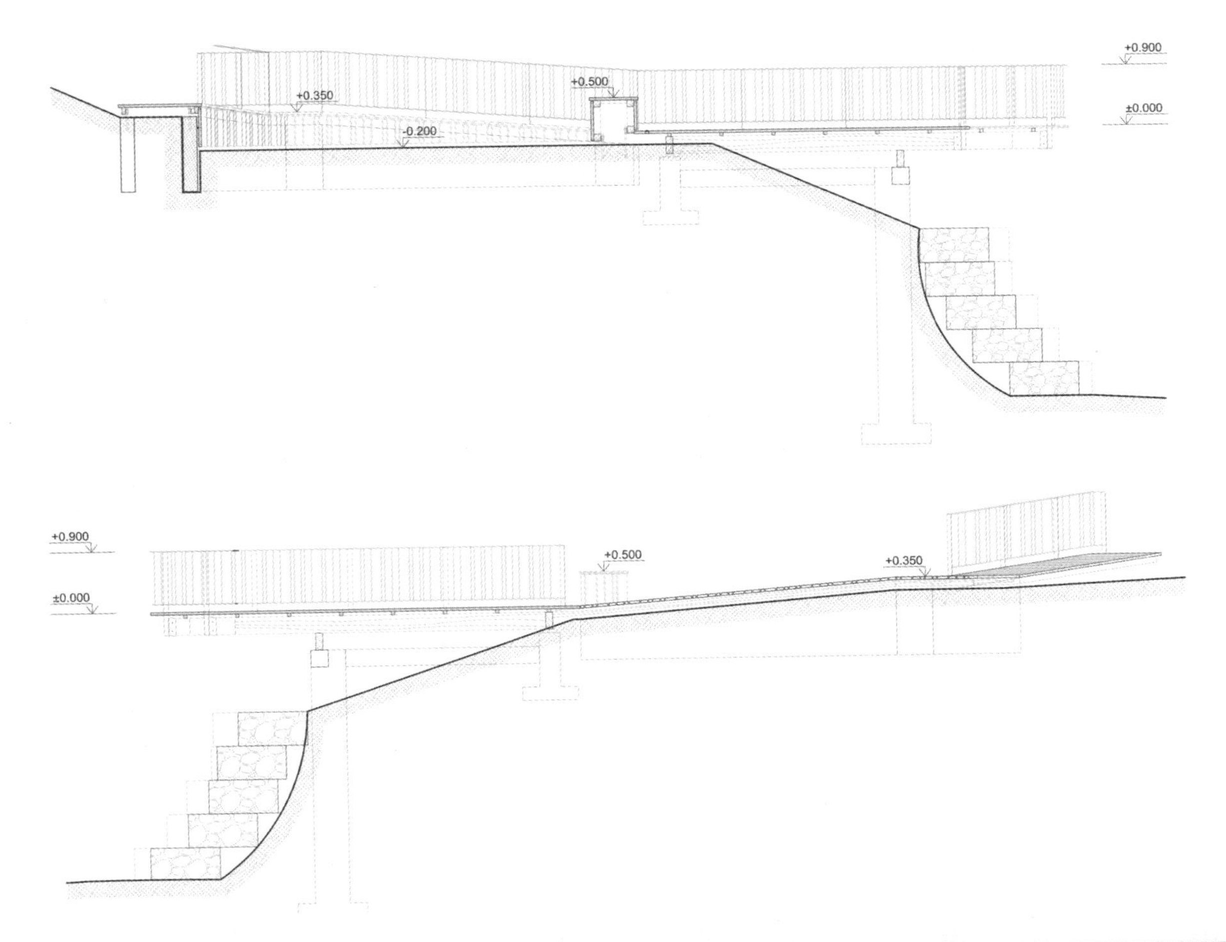
+0.900
±0.000
+0.350
+0.500
-0.200
+0.900
±0.000
+0.500
+0.350

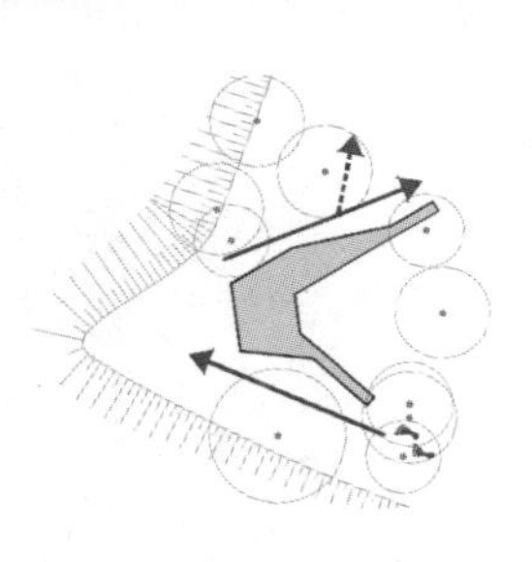
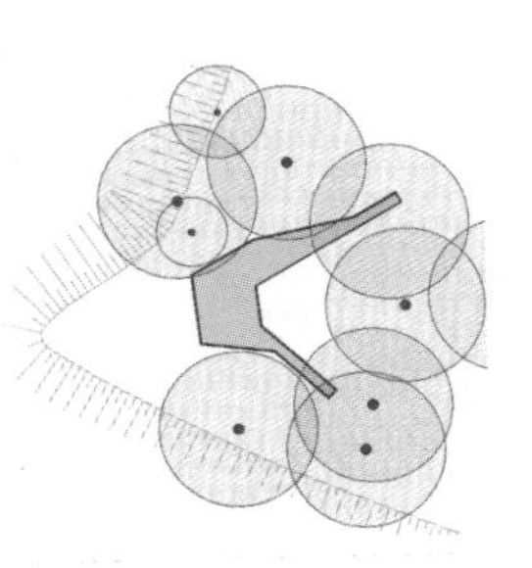
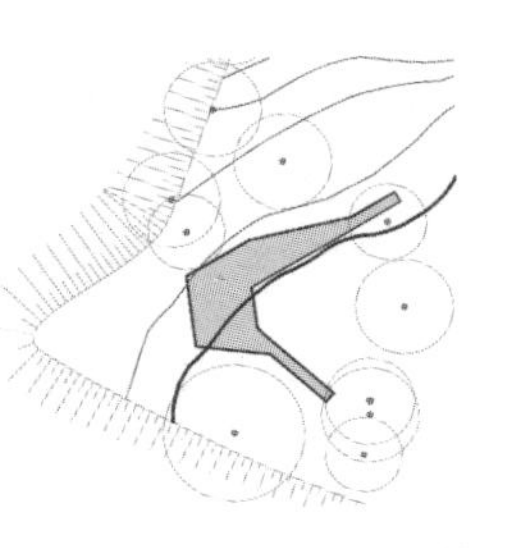
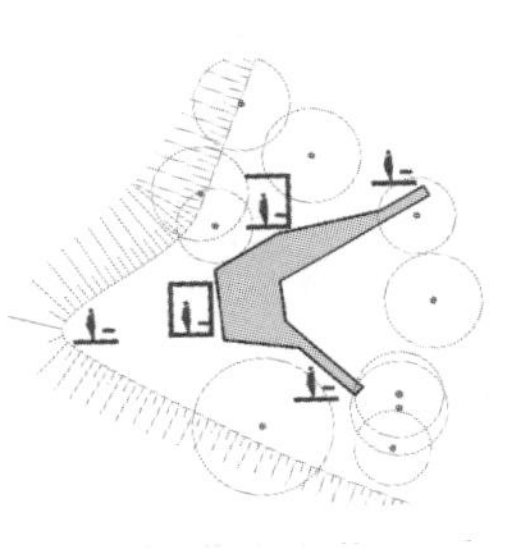
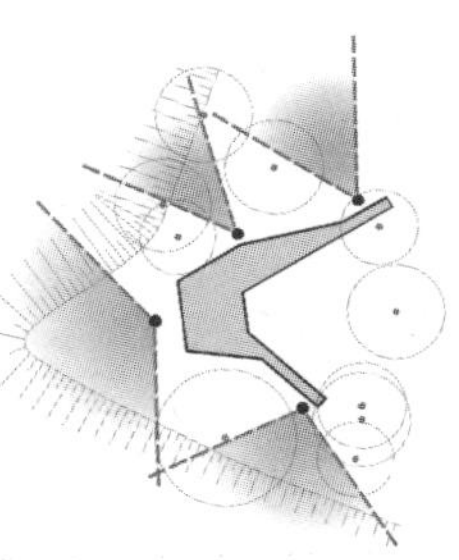

昆虫亭
Wunderbugs

建筑设计：OFL Architecture

面积：30 m²

地点：意大利罗马市

Design Architects: OFL Architecture

Area: 30 m²

Location: Rome, Italy

木材应用分析

这个景观装置的概念是通过亭子内部传感器，利用昆虫去调节播放音乐作品，所以亭子的主题是“昆虫”。设计师采用昆虫界的典型几何图形结合罗马巴洛克建筑的代表性形状，利用木材与设备重复组合成昆虫亭的主体结构。亭内放置了6个圆球形传感器捕捉外界的动作、湿度、温度以及日光强度等数据，从而及时调整昆虫亭的音乐作品，实现建筑和环境之间的完美融合。这是一项创新而充满科技含量的作品，除了传统的美学设计，还是另一种将人造和自然完美融合的方式，值得设计师借鉴和学习。

昆虫亭是一座装有传感器的木制亭子，可以收集周围环境变化的数据并让昆虫调节音乐。

这是一项由 OFL 建筑公司的 Francesco Lipari 和 Vanessa Todaro 进行设计主持的项目，在欧洲创客节和罗马音乐厅的空中花园中进行了首次公开展示。

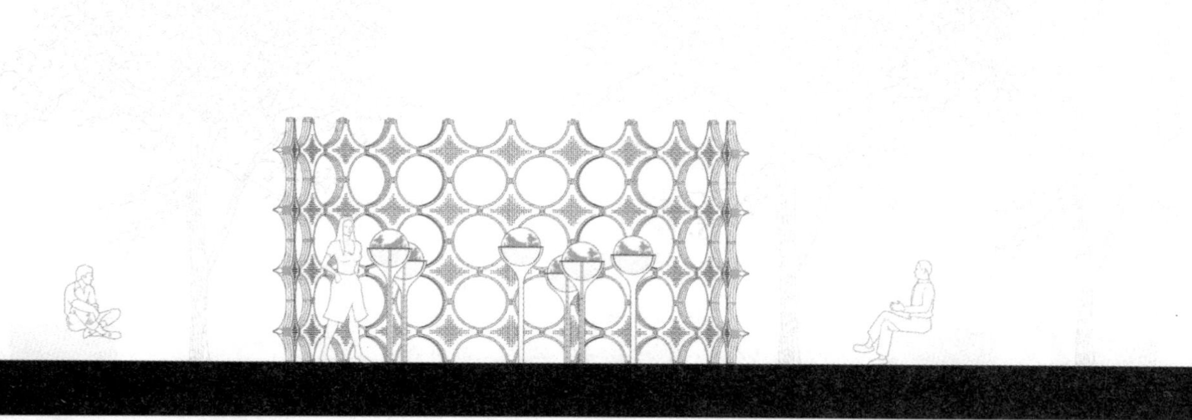

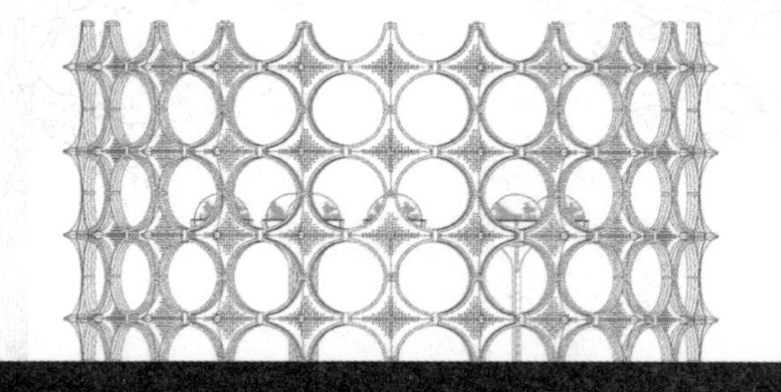

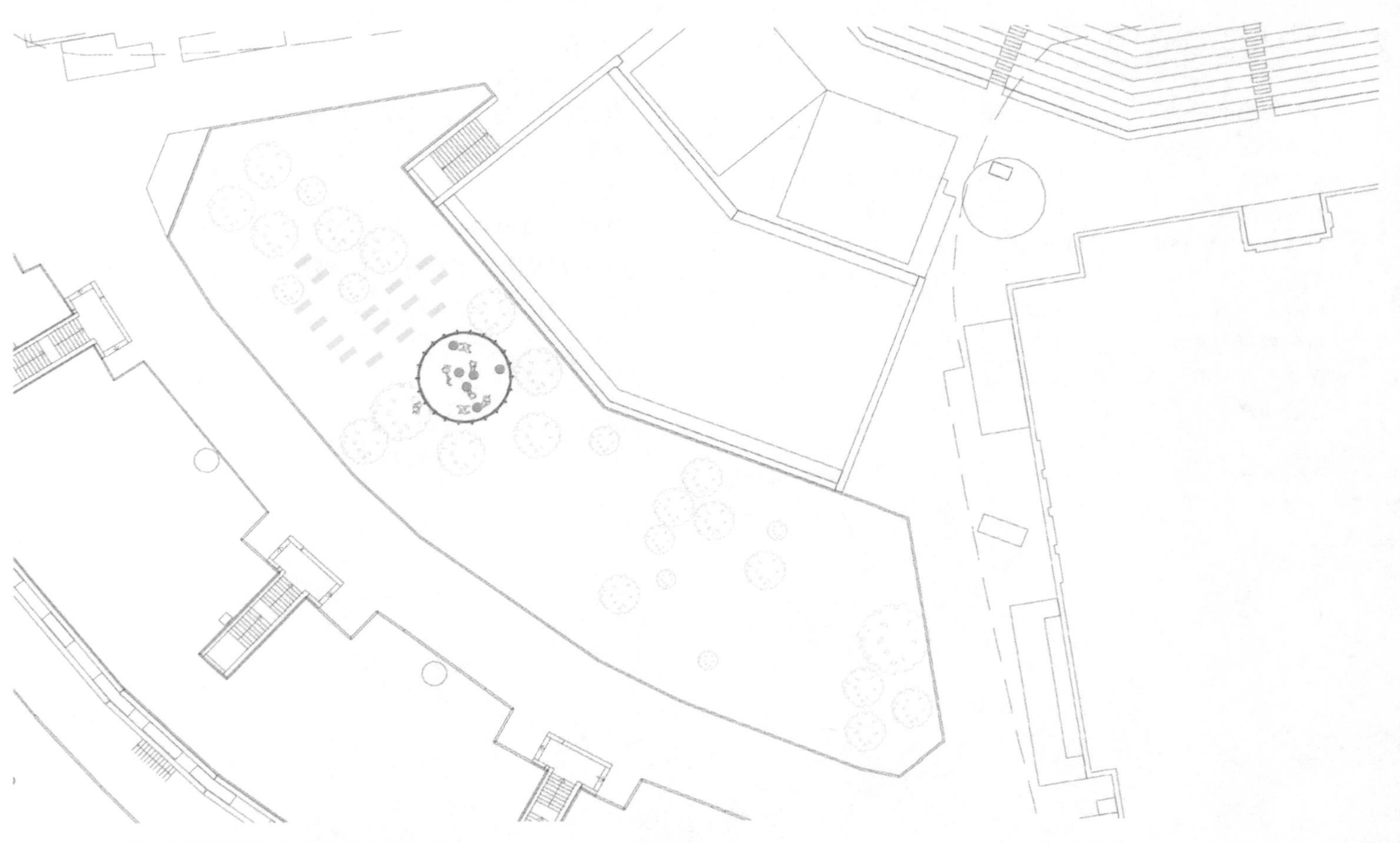

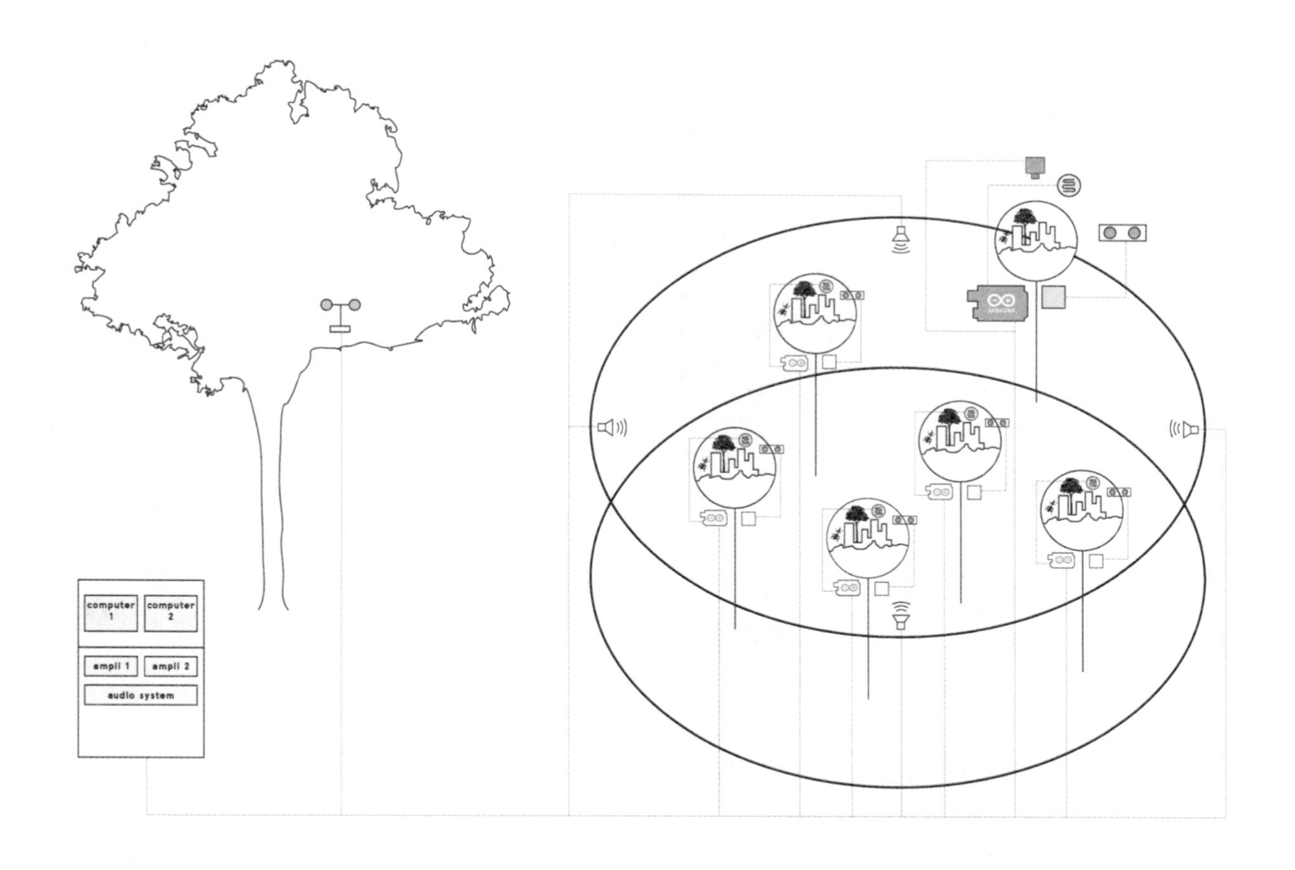
computer 1
computer 2
ampli 1
ampli 2
audio system

整座亭子运用木材料结合传统技术和数控机床打造而成，灵感来源于罗马巴洛克建筑的代表性形状，混合了昆虫界常见的几何图形，整座亭子可以被看成是重复而简单元素的集合体。

昆虫亭能够呈现出无限的结构，这得益于其通过 1 104 块弧形模块和 92 块菱形模块进行精心组合所实现的模块性，让亭子得以在丰满和空虚之间不断交替和调整，此外 198 个旋钮会对圆形或曲线进程进行调控。

昆虫亭里的 6 个球状互动生态系统装备有传感器，可以感应外界的动作、湿度、温度以及日光强度。这些数据结合超声波传感器收集的信息能够探测游客的位置，进而及时调整昆虫亭的音乐作品，实现建筑和环境之间的相互呼应。

通过技术的运用，建筑和亭子的几何结构生成了一处设有音响设备的户外空间，在播放音乐的同时将人与自然和谐结合成一种不可分割的（抽象的）关系。

科奥德展馆

KREOD Pavilion

建筑设计：**Pavilion Architecture**

占地面积：**60 m²**

地点：**英国伦敦**

摄影师：**Jaap Oepkes，Ed Kingsford，Kin Ho**

Design Architects: Pavilion Architecture

Area: 60 m²

Location: London,UK

Photographer: Jaap Oepkes,Ed Kingsford,Kin Ho

木材应用分析

作为伦敦标志性的地标建筑之一，科奥德展馆采用连续的六边形木构组合而成，一共分为三段，可自由组装成不同的形态。这样的结构设计方式是考虑到未来建筑的一个可能性，设计师在对材料的运输、仓储和重复拆卸与安装等方面进行了缜密的思考，最终通过使用参数设计技术和数字生产技术得出可以不断循环重复的模具化结构形式。这对未来景观建筑的构件方式与样式带来启示作用，同时也证明木材作为一种有机材料在现代建构方面仍有很大的潜质。

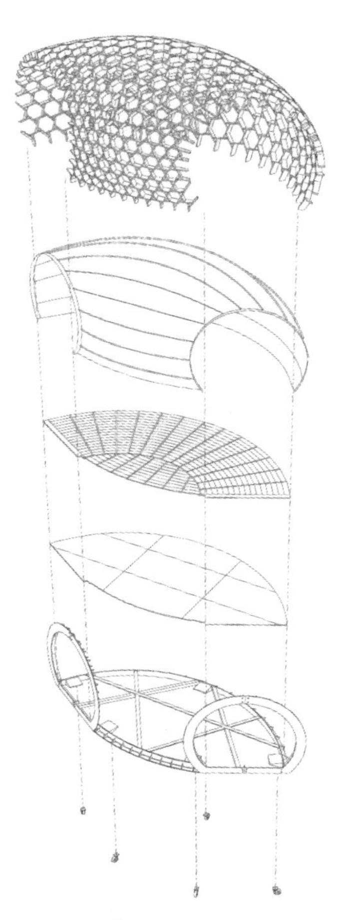

科奥德于 2012 年 9 月在伦敦码头上向公众开放后很快就成功地成为了 2012 ~ 2013 年度伦敦最具有标志性的地标建筑之一。科奥德的选址在伦敦著名的格林威治半岛的中心位置，搭建于阿联酋航空公司和 O2 体育馆之间的广场上。O2 体育馆在 2012 年伦敦奥运会期间成功举办了体操赛事、篮球决赛和残奥会的篮球比赛。

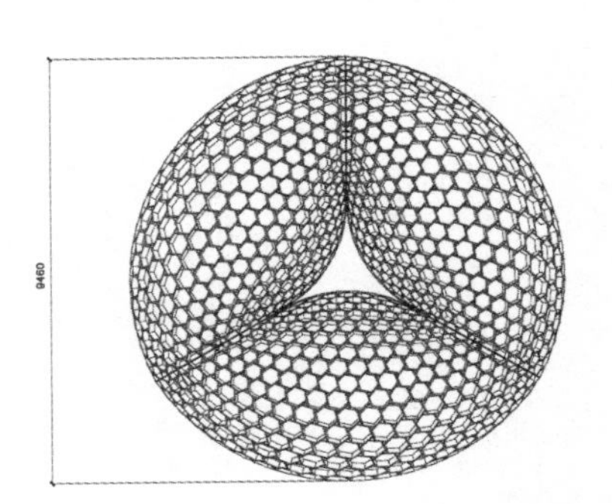
9460

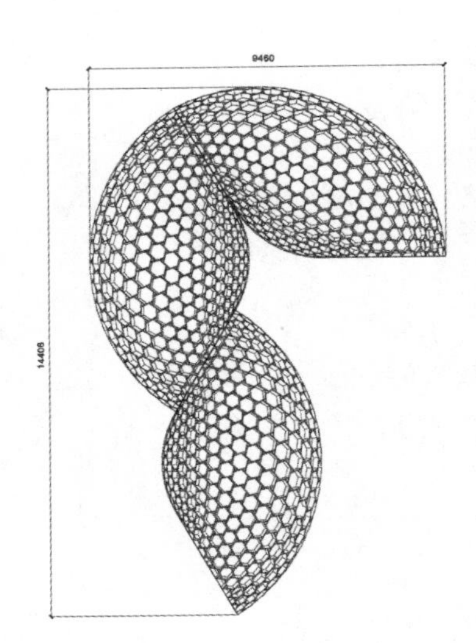
9460
14408

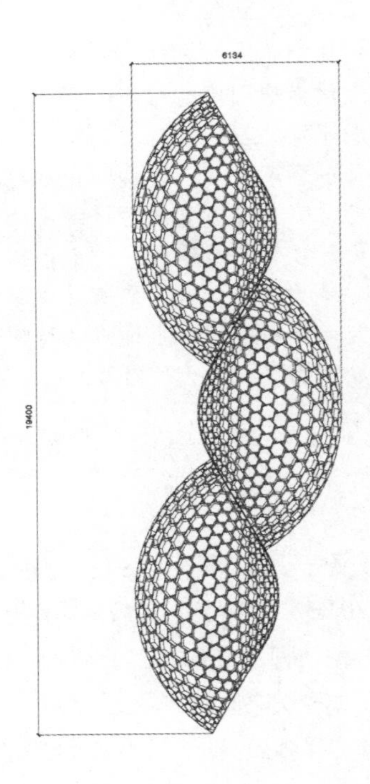
6134
19400

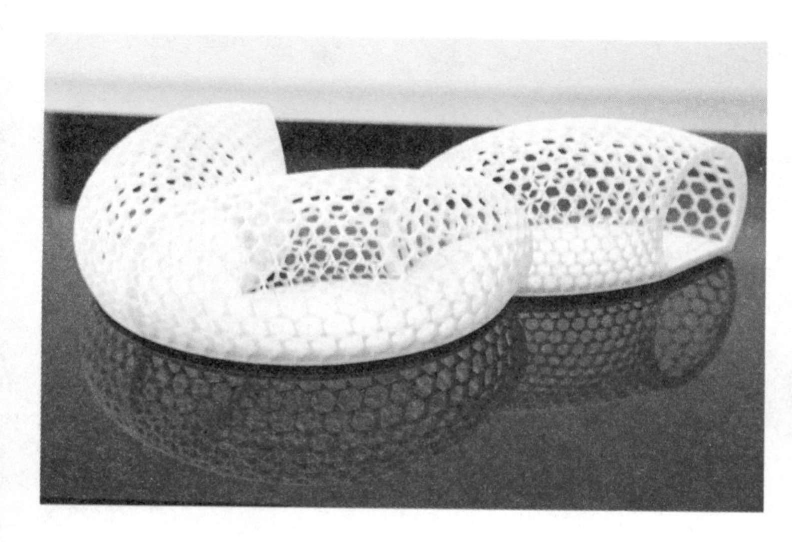

citi
BARCLAYS
GREENWICH
GREENWICH

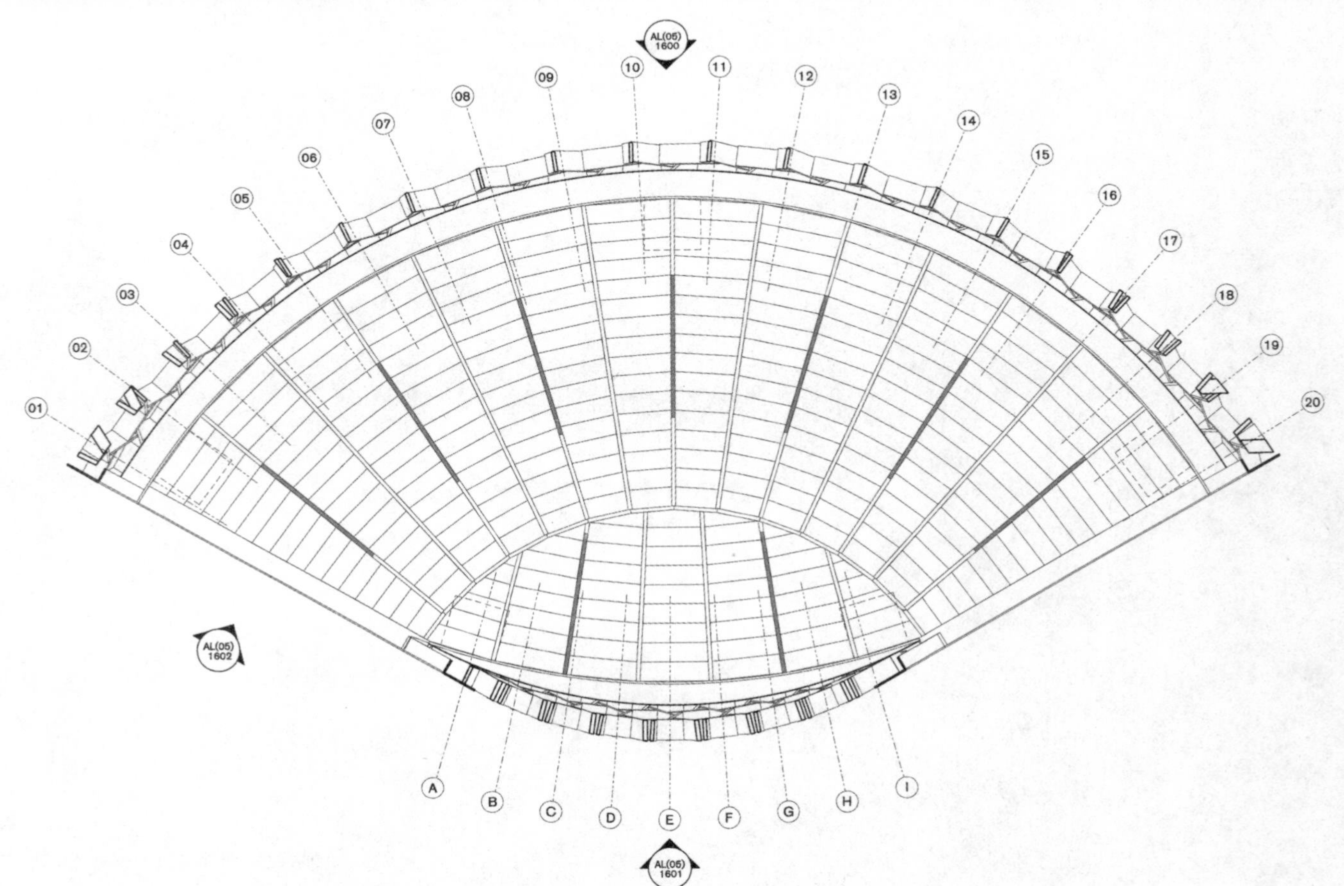
AL(05) 1600
01
02
03
04
05
06
07
08
09
10
11
12
13
14
15
16
17
18
19
20
AL(05) 1602
A
B
C
D
E
F
G
H
I
AL(05) 1601

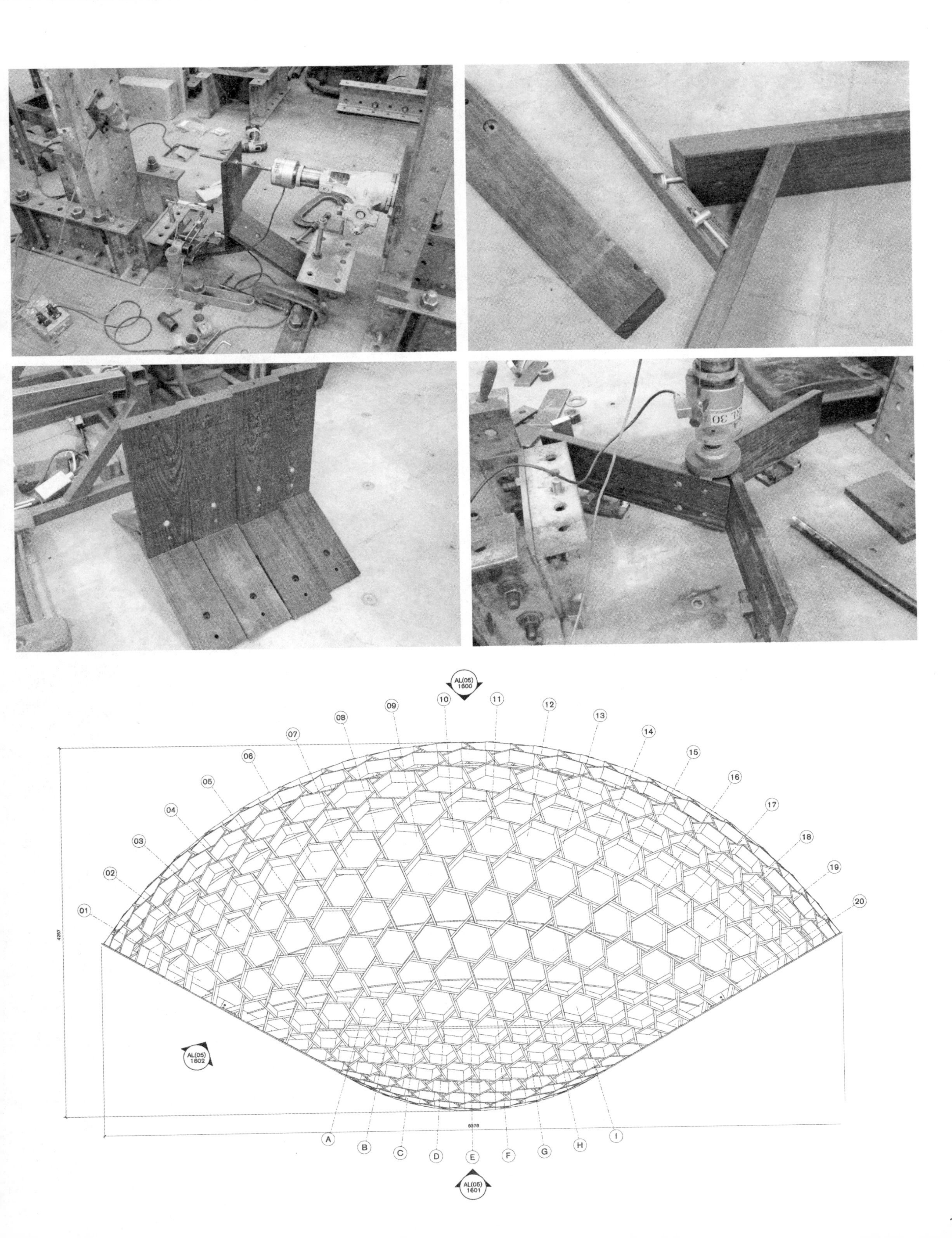
AL(05)
1600
01
02
03
04
05
06
07
08
09
10
11
12
13
14
15
16
17
18
19
20
4267
AL(05)
1602
6378
A
B
C
D
E
F
G
H
I
AL(05)
1601

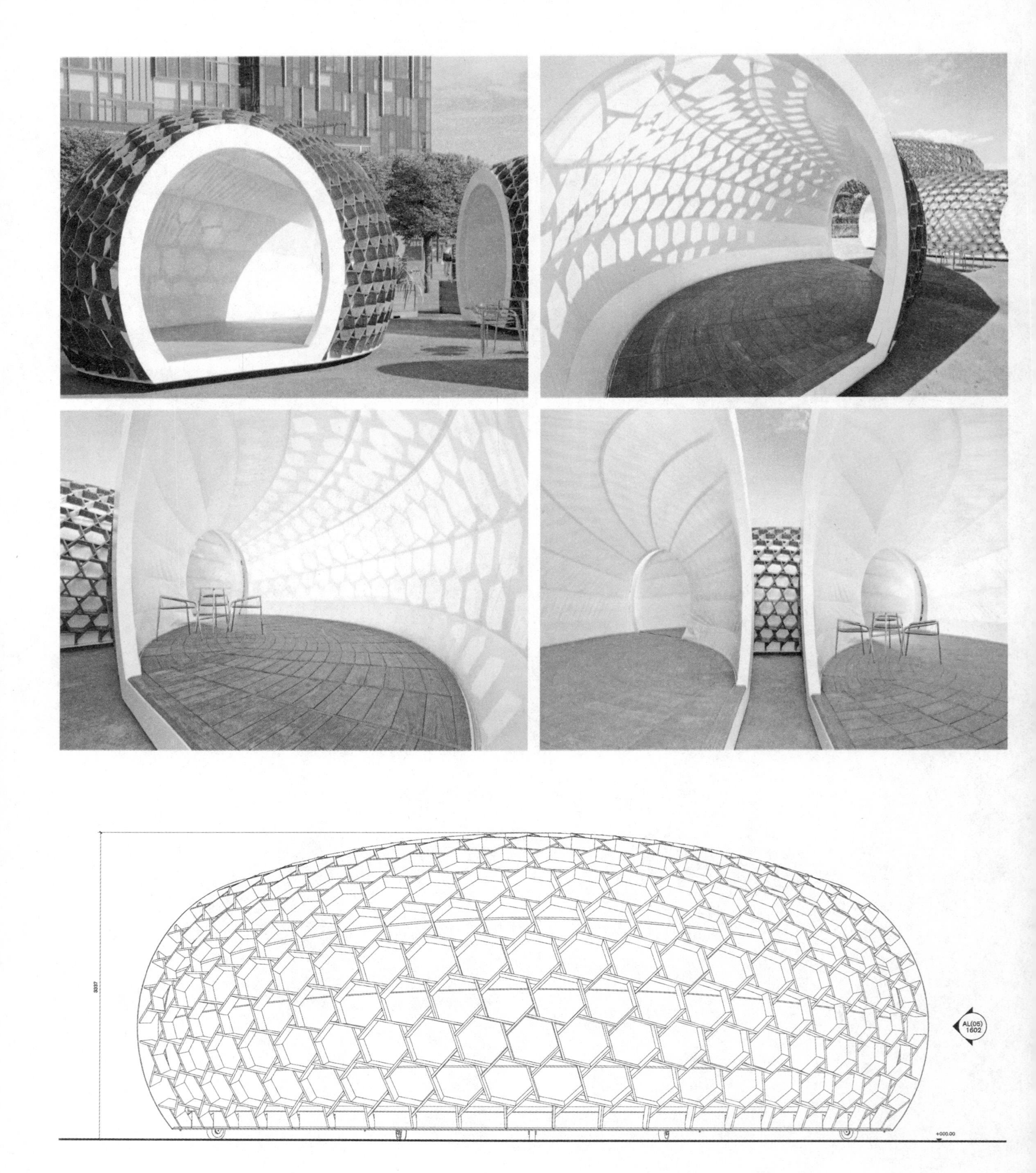
3337
AL(05)
1602
+000.00

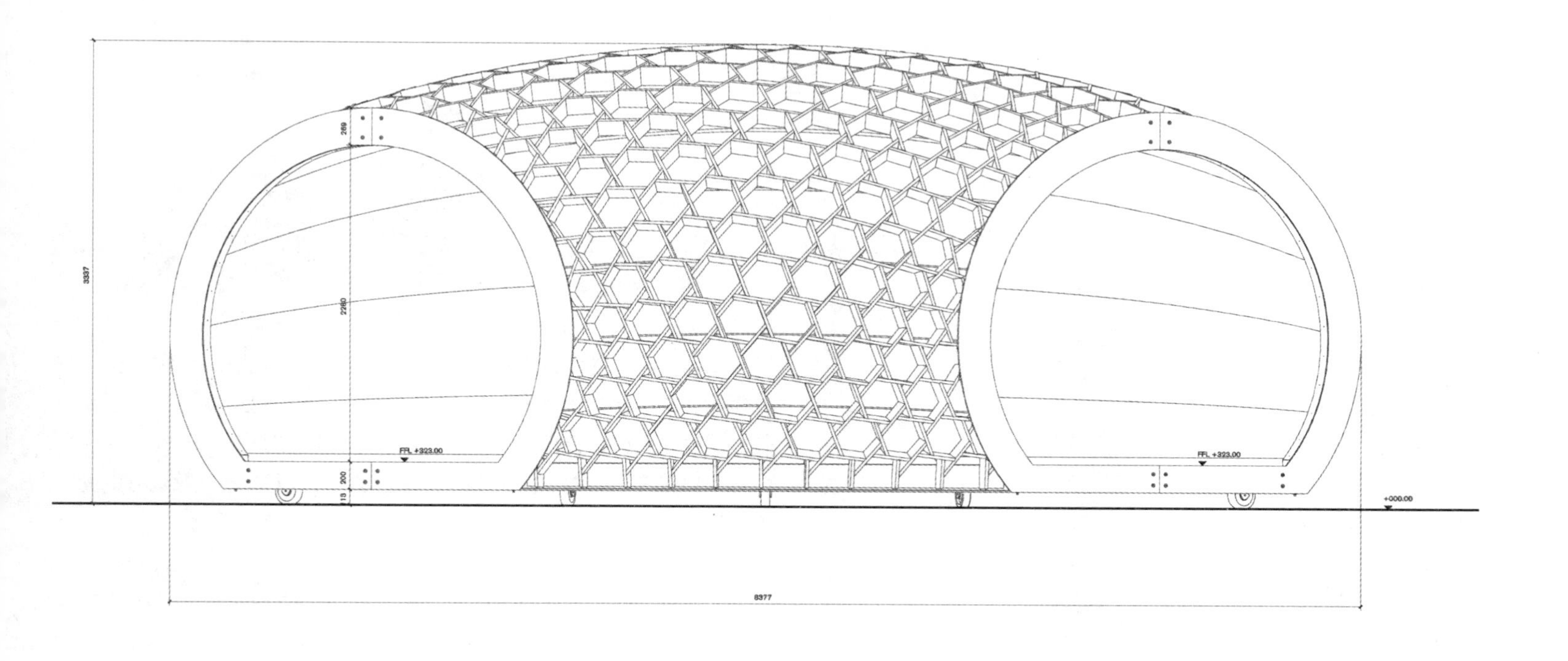
3337
269
2280
200
18
FFL +323.00
FFL +323.00
+000.00
8377

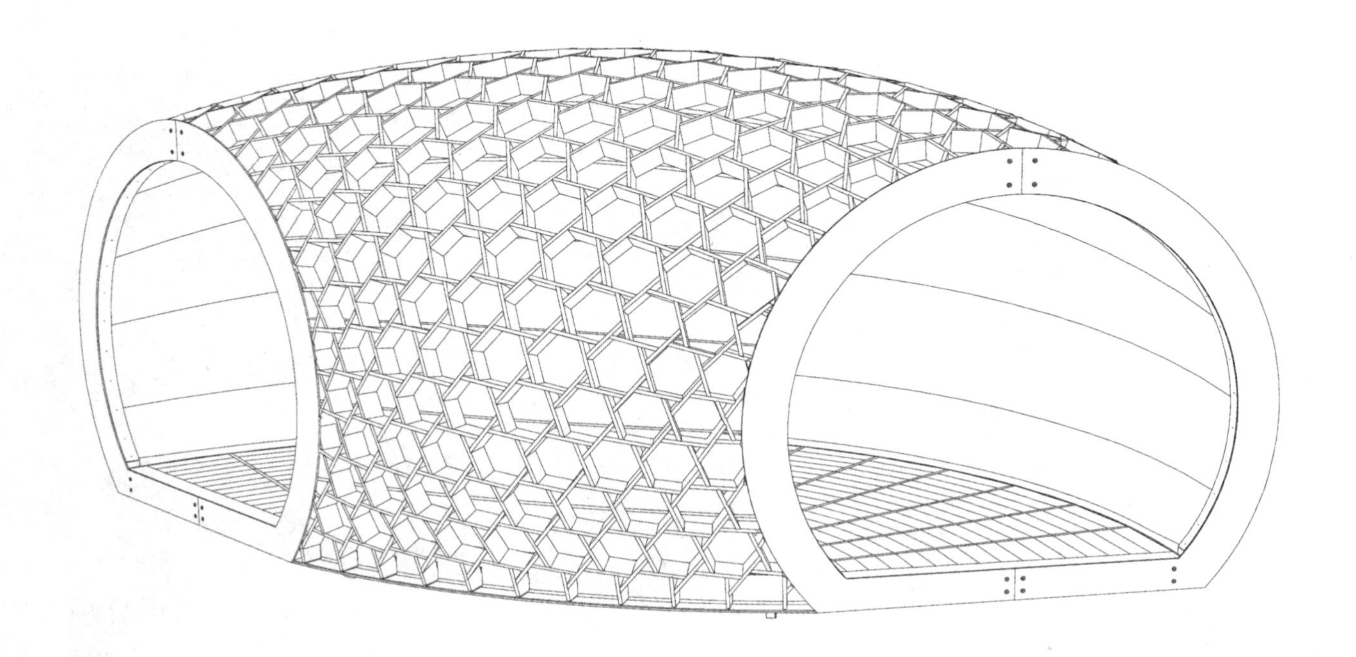

科奥德的创作灵感受到大自然的启发，是一个形式自然又提倡环保的建筑小品。整体雕塑由 3 个各占地 20 m² 的独立结构组成。这 3 个“种子”可以进行自由组合，创造出多样的形式。每一个“种子”由六边形连续构成，在结构的处理上独特非凡，具备可移动性的同时充满了动感。

科奥德的功能具有多样性，在作为地标建筑的同时又是一个充满想象力的展览空间。构成科奥德整体的 3 个组件可以各自独立进行展

出，也可以根据场地和客户的需求组成不同的形状。通过使用先进的参数设计技术和数字生产技术，年轻有为的设计师、工程师一同挑战现状，使用超前的设计方法来展现可持续发展在建筑领域的应用。

对结构的设计意在体现一个全新的、数字时代的思维模式、设计方法、生产加工方式和建造新理念。设计师对运输、仓储、拆卸、多次安装等因素方面也进行了缜密的思考。也就是说，科奥德包含可移动的组件、具有模具化的特征，使用寿命长。

三角铁路站亭子

Kiosk on the Gleisdreieck

建筑设计：Grischa Leifheit and Jörg Wessendorf

占地面积：22.1 m²

地点：德国柏林市

摄影师：Christo Libuda，Lichtschwaermer

Design Architects: Grischa Leifheit and Jörg Wessendorf

Floor Space: 22.1 m²

Location: Berlin, Germany

Photographer: Christo Libuda, Lichtschwaermer

木材应用分析

这座木构亭子位于公园的入口，占地只有 22 m²，却蕴含了信息站、小卖部、洗手间等多项功能。亭子将当地特有的鞍状屋顶房屋抽象成几何造型。亭子的外表统一采用复合木胶合板，所有必要的开口都用隐蔽门覆盖，表面呈现出一种密闭状态，只有在亭子打开的时候才会露出开口，提醒了人们注意到这个服务台。所有管道和水槽都掩藏在木质结构的表层下，使这座功能性的小亭子散发出一种干净、整洁、现代的气息。

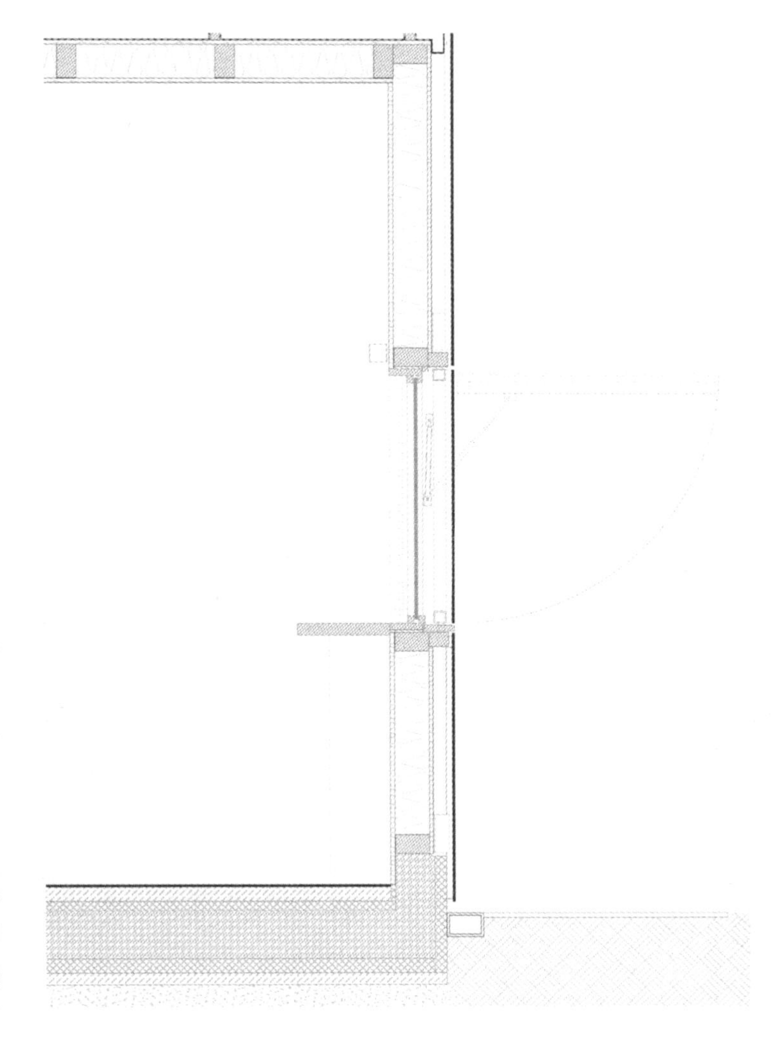

这座新亭子位于 Möckernstraße 三角铁路站公园的东大门，蕴含了众多与公园相关的功能——信息站、零售摊、旁边操场边座的小卖部、洗手间以及育婴室。亭子是原生型鞍状屋顶房屋的几何变形，建筑的每一面都显示出不同的轮廓，具有雕塑般的特性，在形式上融进现代公园建筑之中。所有墙面统一的表面处理以及屋顶表面加固了整体设计。

所有管道和水槽都掩藏在木质结构建筑的表层之下，表层材料是极其耐用的 HPL 片材（即 60% 纸浆覆盖三聚氰胺甲醛树脂所制成的高压胶合板）；所有必要的开口都用隐蔽门覆盖，无缝混合在同质外壳之中。这块统一的外壳只有在亭子打开的时候才会露出开口，外立面打开的百叶窗提醒人们注意到这个服务台，同时还能遮挡阳光和雨水。

外立面的印花嵌板强调出建筑师打造的木纹设计，木纹依比例的变形揉和了建筑形态与表面纹理。亭子的内饰参考了新伐木材的浅绿色。这座装备了耐用不锈钢电气用具的建筑在交通繁忙、人流密集的公共空间发挥了巨大作用。

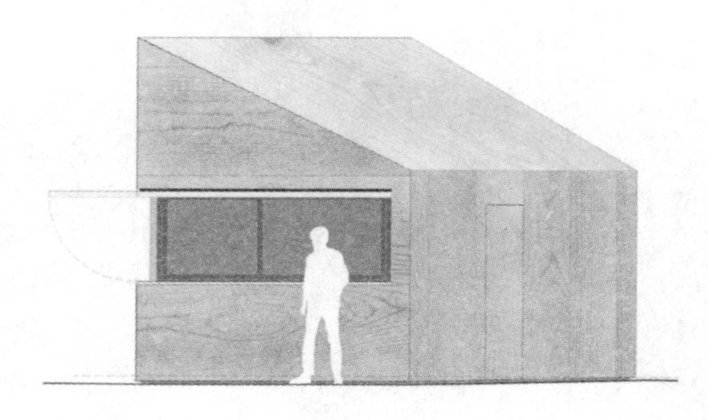

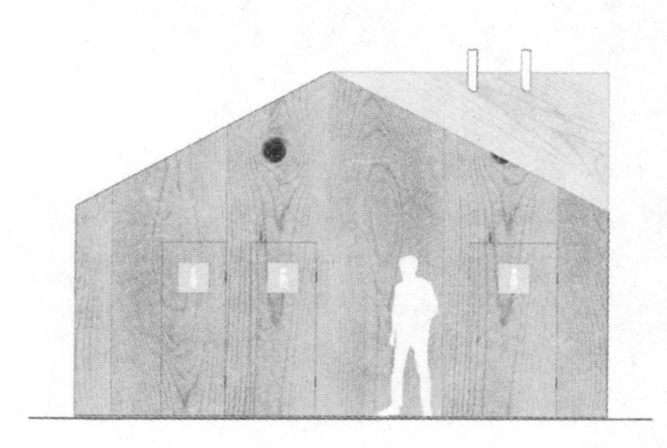

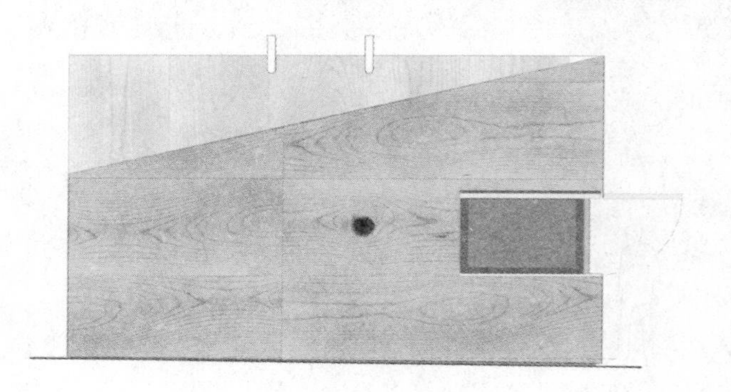

M GLEISDREIECK

PINCH 项目——图书馆兼社区中心

The PINCH—Library and Community Center

项目设计：Olivier Ottevaere 与林君翰 / 香港大学

项目面积：80 m²

地点：云南省双河村

Design: Olivier Ottevaere and John Lin / The University of Hong Kong

Size: 80 m²

Location: Shuanghe Village, Yunnan Province, China

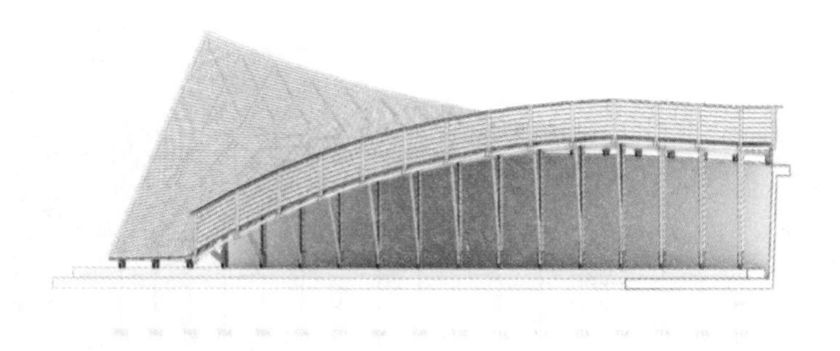

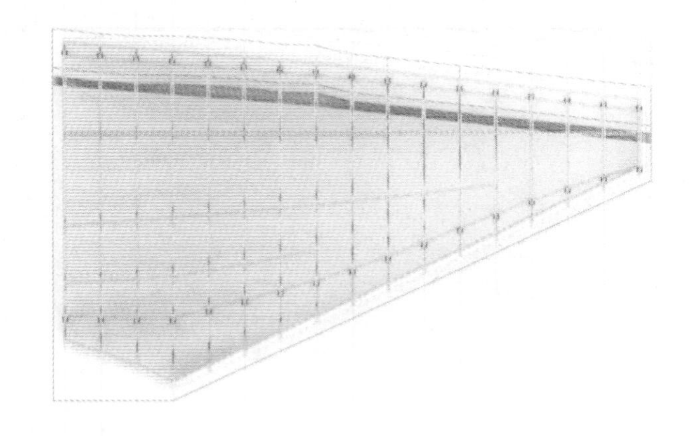

木材应用分析

这座木建筑作为云南省双河村的图书馆与社区中心，被安置在新建的广场旁，同时考虑到广场与周边道路具有 4m 的高差，这个建筑便承担起一个连接桥梁的作用，最终形成了上层作为露台与走道，下层作为阅览室这样的框架结构。整个建筑采用木质结构，书架也充分利用了结构的特性而采用悬挂的方式，节省了用料成本并且在视觉上与支杆融为一体。阅览室内部采用透明板作为墙壁，起到防风、防雨的作用又不阻断与室外的联系，使整个木建筑显得更加轻盈。

坐落于云南省双河村的 PINCH 项目是一座图书馆兼社区中心。此项目是当地政府在 2012 年 9 月地震之后规划灾后重建的一部分。村里大部分房屋在地震中遭受破坏，导致村民在帐篷中生活长达一年之久。地震过后，政府为兴建新的砖混结构民房和一个中心广场提供资金援助。首次到访该村时，房屋仍未建成，而广场则还是一大块空地。

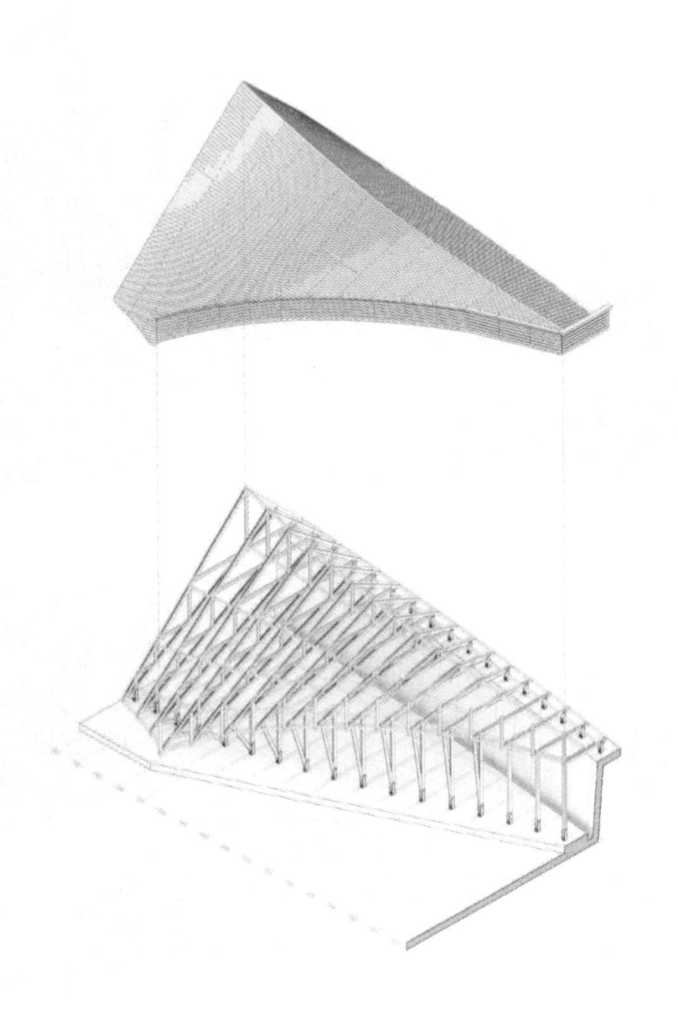

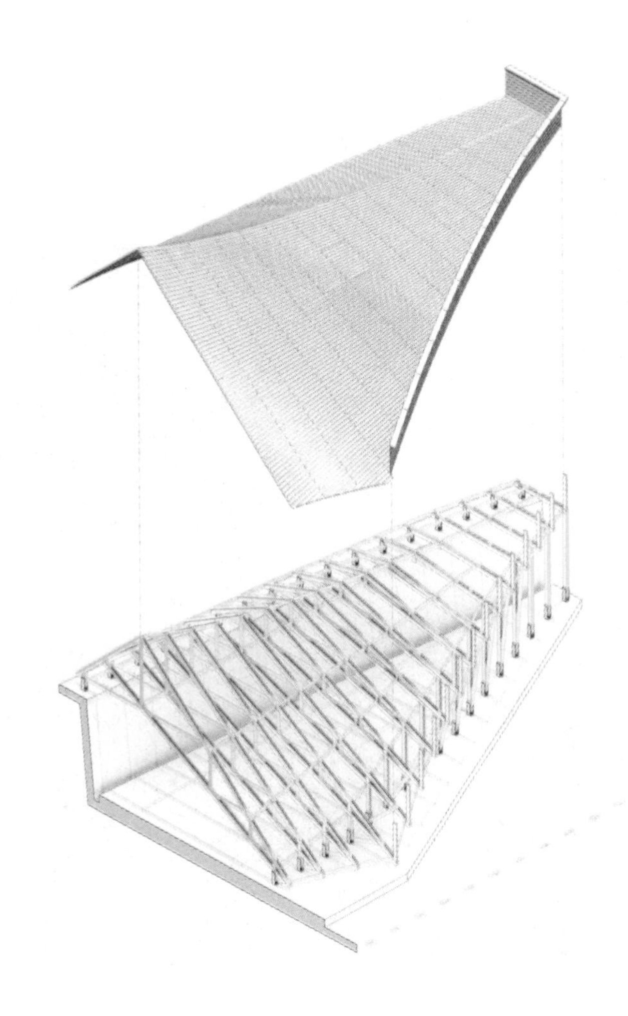

新图书馆的设计和实施获得了香港大学拨款资助。图书馆基地位于新修而略显空旷的公共广场上，修建图书馆的目的是有效活化该社区，并为铭记灾难立碑。建筑物位置正临 4 m 高的挡土墙。设计横跨这 4 m 的高差，如同架起了连接重建村庄和新修广场的桥梁。为了凸显高山深谷的地理环境，建筑物的外观在视觉上呼应了山谷的空间形态。双曲面的屋顶效果出人意表，让驻足者饱览村庄的风景。屋脊攀援而上最后演变成尖峭的顶峰，令建筑物成为纪念地震和灾后重建的标志。

作为知识交流项目，当地木材生产厂家与香港大学合作，参与施工过程。过程中，设计师运用简单的设计手法并不断深化，令结构雏形发展成令人称奇的复杂形态。一系列的桁架被固定在处于高位的道路和处于低位的广场交界之间；每根桁架的形状不尽相同，在变化当中同时营造缓缓倾斜的坡度（供人往下走）和急剧升起的陡坡（把屋顶抬高）。桁架上覆盖着防水铝板和木材铺板。在室内，桁架往下延伸以支撑悬浮的书架，而传统、朴实的长凳则被用作家具。树脂材料制作的推拉门可以完全被打开，令室内空间与对外的广场合二为一。

此项目非但没有像大多数灾后房屋重建般摒弃木结构，反而展示了当代木结构建筑在中国偏远地区的可行性。

竹林及水边小屋
Bamboo Forest & Huts with Water

建筑设计：RYUICHI ASHIZAWA ARCHITECTS & associates

占地面积：约 6 251 m²

地点：日本大阪市

摄影师：Kaori Ichikawa

Design Architects: RYUICHI ASHIZAWA ARCHITECTS & associates

Site Area: ca 6,251 m²

Location: Osaka, Japan

Photographer: Kaori Ichikawa

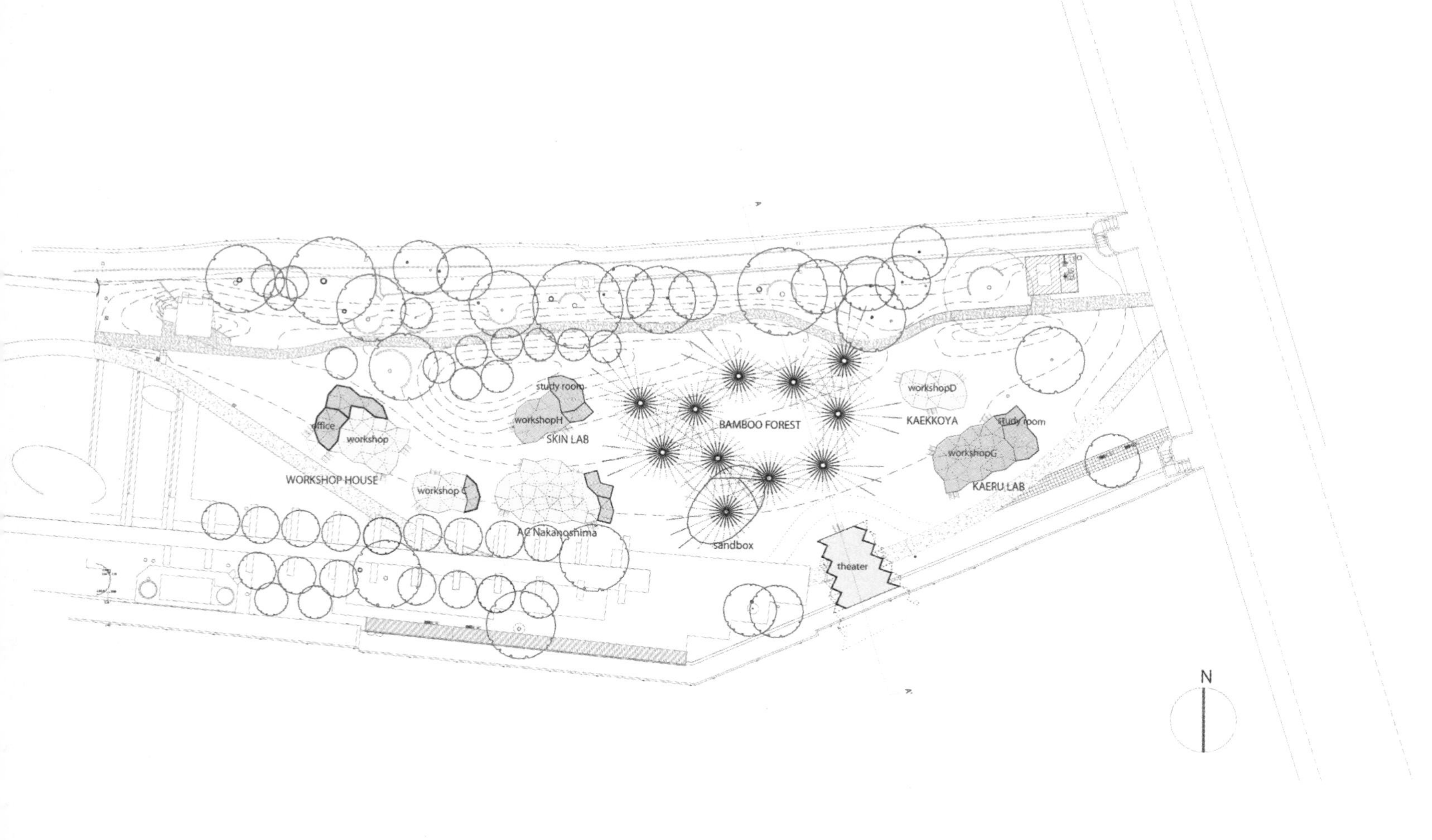

木材应用分析

这个项目可以说是一道“话题作文”题，针对大阪市滨水价值有感而发的一件作品。设计师利用了水边生长的竹子作为主要材料，顺应竹子的特性而打造了伞状样式的竹亭以供表演、展览使用。木屋的材料来自场地周边的森林，采用多边形组合拼装的工作区和做成手风琴式箱子的剧场使得原有广场充满了活力。其实木质结构也可以充满历史感和文化气息，尽管没有高等的技术，有的只是用自然材料打造的原始空间，在特定的人文环境下，也可以散发出独特而经典的魅力。

这些建筑是用在“大阪水之都 2009”这一活动之中的，是在日本大阪市中心公园举行的为期 52 天的一项活动。这次活动的目的是重新找回大阪这座在水之间发展起来的大都市的历史，并通过众多市民的参与重新思考大阪的滨水价值。滨水文化广场是一座可以容纳超过 160 组艺术家在大阪中之岛沙滩上进行表演的广场。广场包括了“制造处”这一工作室和工场、制作产品、实现设计理念的地方，“演奏处”这一享受一天之中短节目的地方，以及“观讲处”这一举行演讲、舞会和表演的地方。建筑都是用从旁边森林采集的“木”和“竹”建成的，“竹”是用水路网络运到此处的。

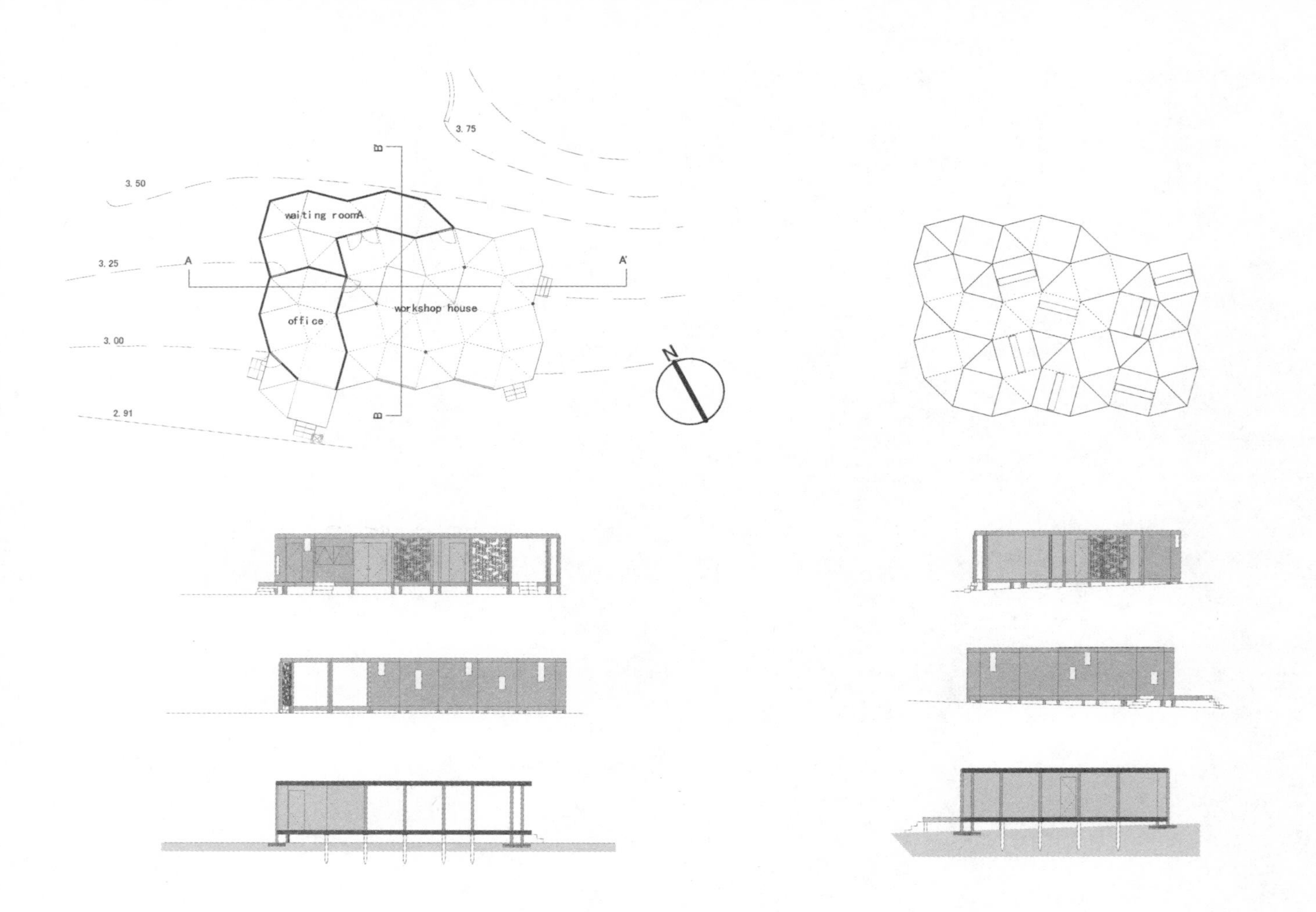
3. 75
3. 50
3. 25
3. 00
2. 91
waiting roomA
office
workshop house
A
A'
B
B
N

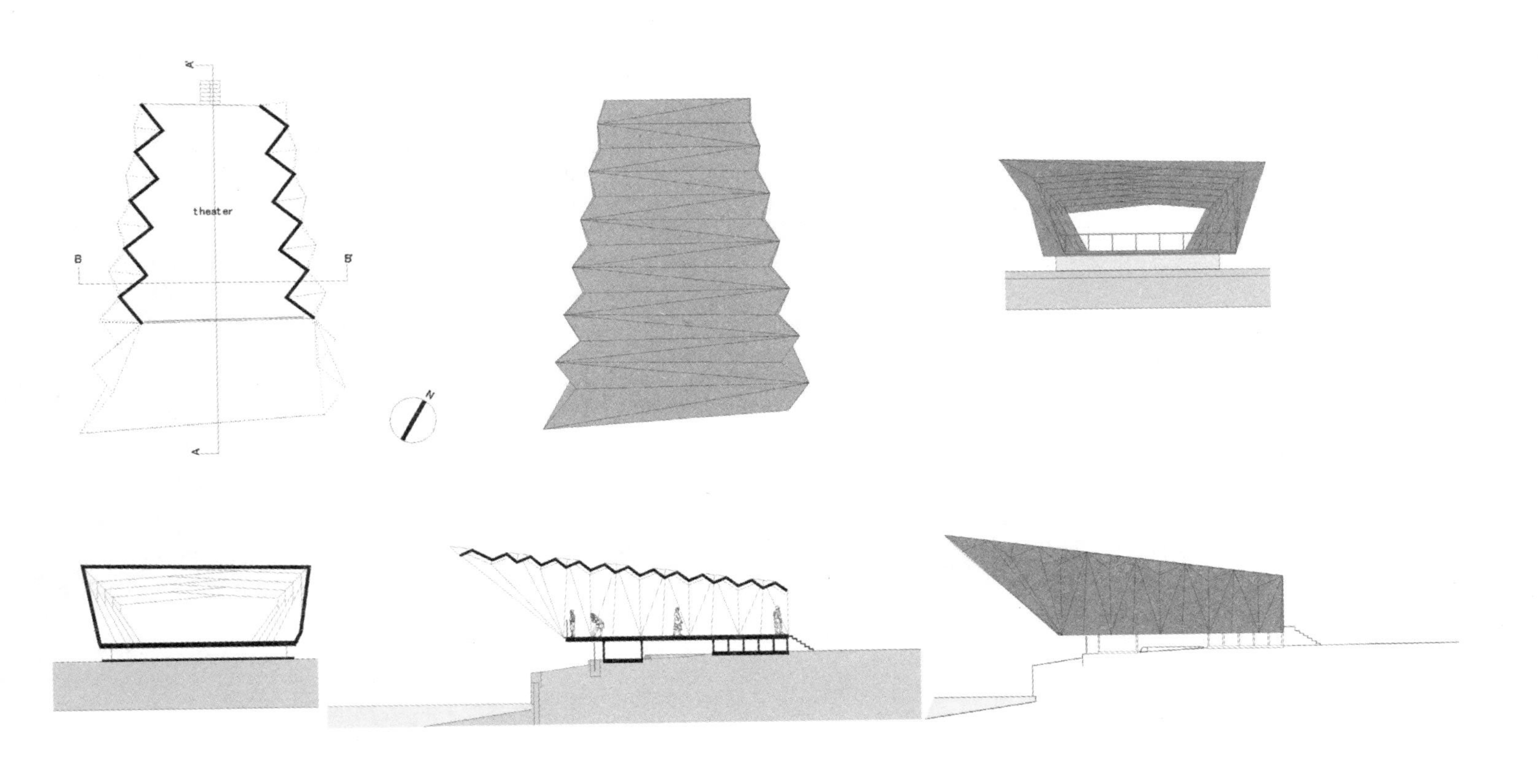
A
theater
B
B'
A
N

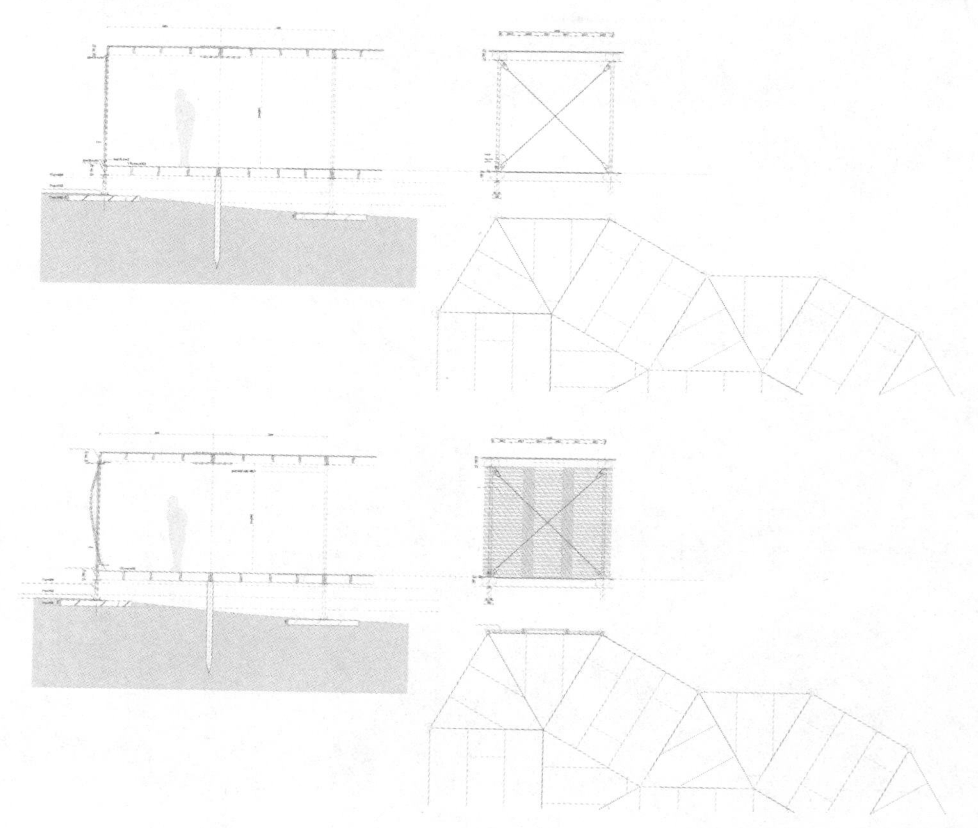

大阪水之都活动是为了解和反思人与自然的关系。我们周围的环境遭受了许多破坏，重要的不是简单地提出生态理念，而是对待环境的真实态度，这座建筑有改变和探讨自然的潜力。在这个时代，很多东西都因溢出太多被过度消耗时，有些东西是只有建筑才能做到的。

项目位于大阪中之岛公园中部的河中小岛上。土佐堀川和堂岛川的河水流入日本最大湖泊——琵琶湖之中，改变着琵琶湖周围的环境和生态。流向琵琶湖的另一条河流——犬神川边上有一片被忽略的竹林，里面的竹子是附近人们种植的，曾经为他们的生活带来许多便利，但随着石油制品使用率的上升，竹子的使用率已经下降了。这些竹子侵蚀了周边农村的生态，变成了日本一个很大的环境问题。1 400 m^{2}的竹林是通过人工用旁边的竹子建造的，以此来解决环境问题。未来的竹子将通过外力减少数量，因此我们研究了许多竹子的特点。通过研究，我们发现了弯曲竹子的结构，上面布满了竹网眼。每根竹子连接在一起，将重量分散到地基上。我们没有采用混凝土底座，而是采用钢底座，上面装有光滑的金属板和钢条。

整座结构就是弯曲竹子的应力和600根竹子的重量之间的平衡，竹子底部装有拉力环，用以释放弯曲竹子的应力。建筑并没有使用五金器具，只是运用了金属线和天然材料的绳子。竹子确实很接近大众，但用弯曲竹子打造的结构并不流行，所以我们调查并多次制造真实模型来了解生成形式的真实特性以及各种细节。这座竹林可作为艺术表演场地，并在活动期间每天改变自己的形体。在活动结束后，拆下来的结构可用于造纸或者为生物提供能量。这是人手打造的原始空间，没有高等的技术，只有竹子这种自然材料，在我们的生命中已经存在很长时间。

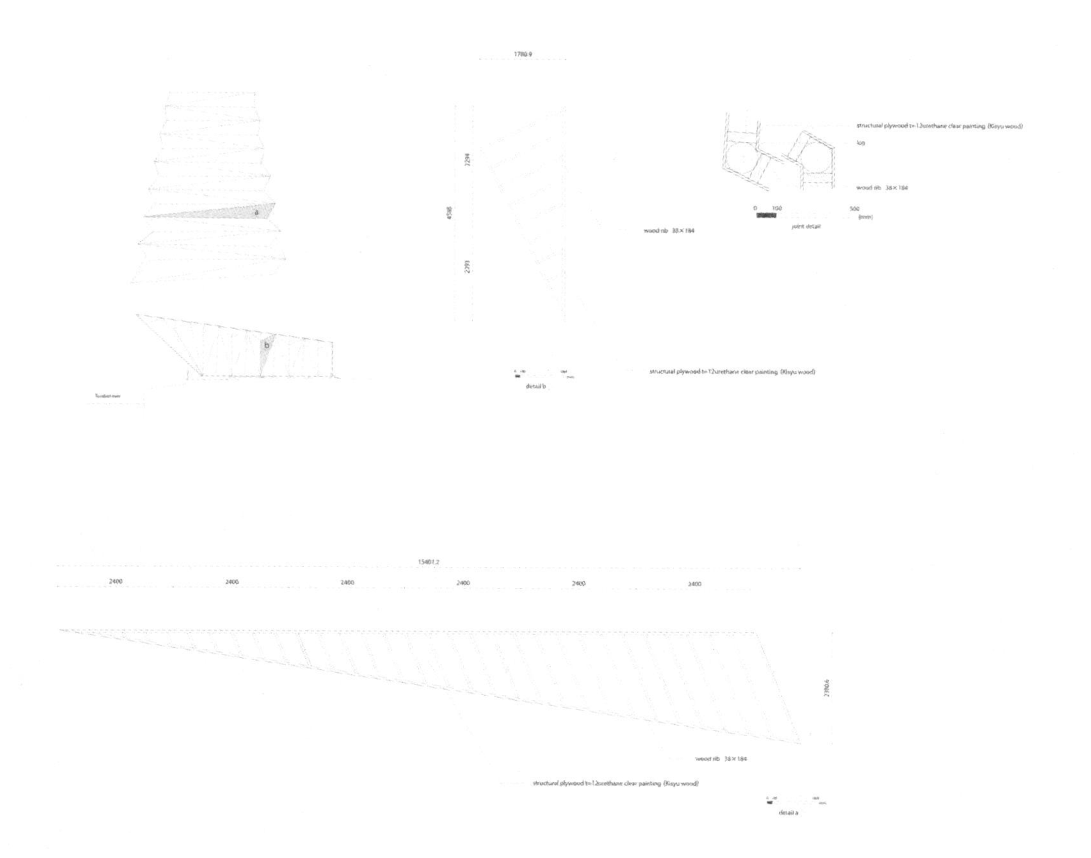

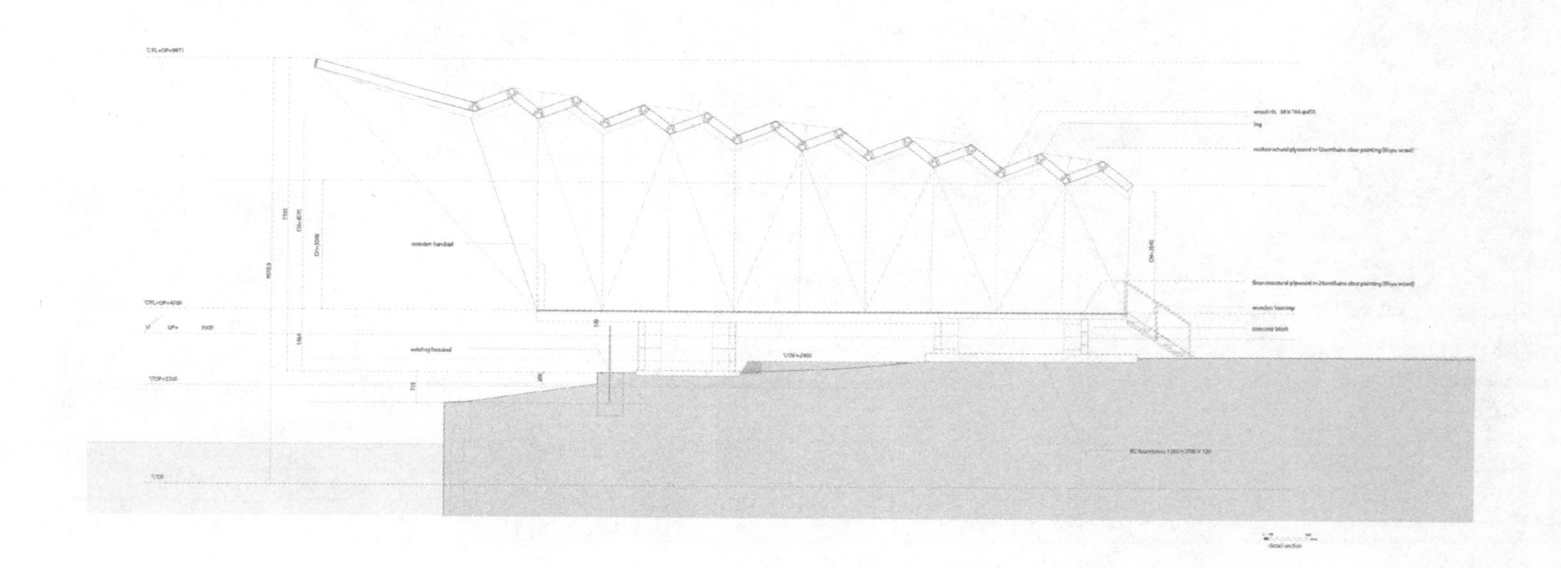

wooden handrail
wooden footing
concrete block
detail section

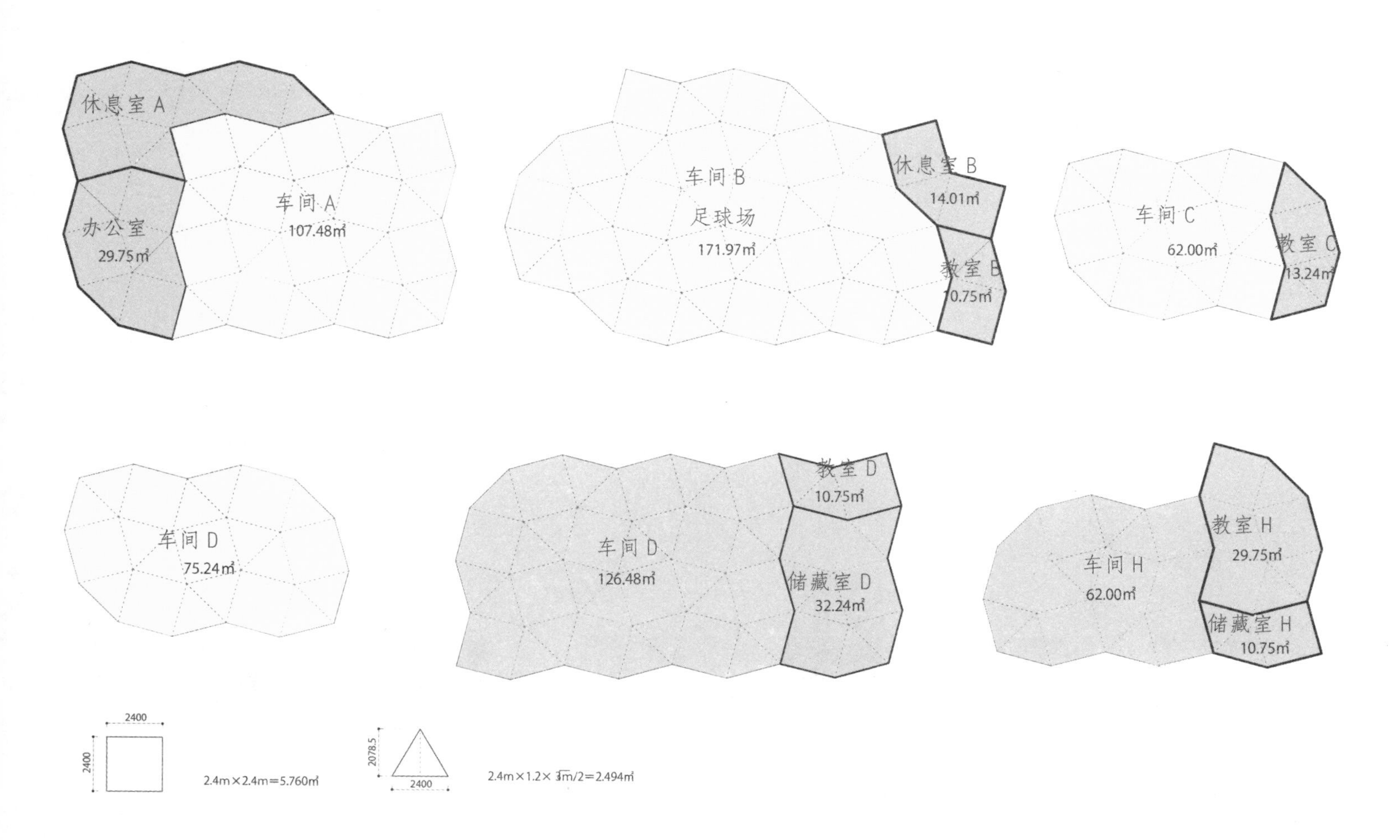

休息室 A
办公室
29.75㎡
车间 A
107.48㎡
车间 B
足球场
171.97㎡
休息室 B
14.01㎡
教室 B
10.75㎡
车间 C
62.00㎡
教室 C
13.24㎡
车间 D
75.24㎡
车间 D
126.48㎡
教室 D
10.75㎡
储藏室 D
32.24㎡
车间 H
62.00㎡
教室 H
29.75㎡
储藏室 H
10.75㎡
2400
2400
2.4m×2.4m=5.760㎡
2078.5
2400
2.4m×1.2×√3m/2=2.494㎡

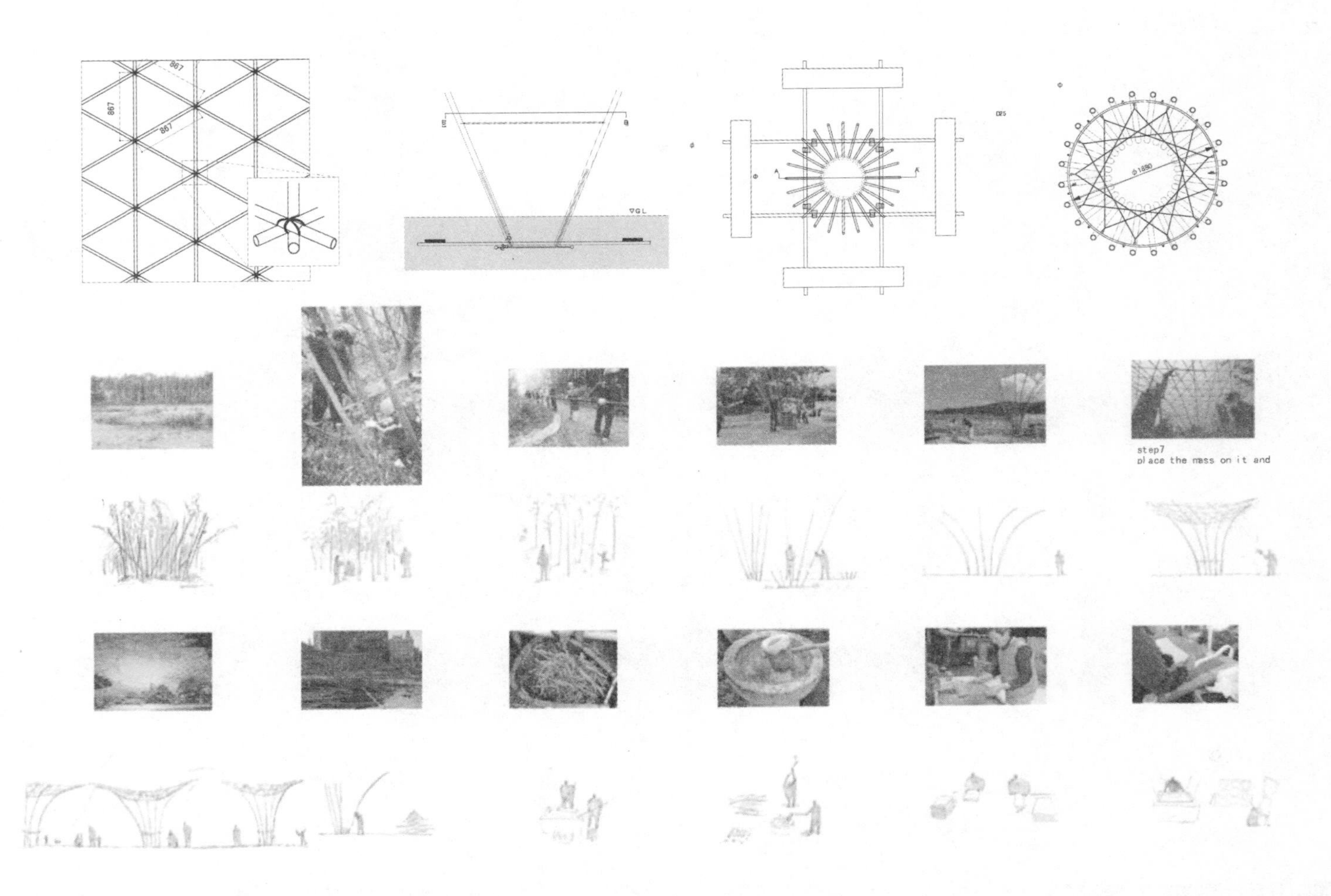
867
867
867
▽GL
step7
place the mass on it and

AC中之島

第六节　桥

从最初的独木桥到现代大跨度的胶合木桥，木桥经历了多次的结构革新，产生了多姿多彩的丰富造型。历史上记载最早的桥是公元前 621 年台伯河的木桥。到 18 世纪晚期，欧洲的木桥技术已经发展到一个很高的水平，掌握了使用加固的斜梁和组合的木拱技术，极大地增强了木桥的使用寿命和适应性。1804 年在美国费城出现了第一座廊桥，廊桥的出现避免了木桥直接暴露在恶劣的天气中对材料造成影响，增加了桥的使用寿命。

1930 年，随着混凝土技术的成熟，该材料在这个时期大量用于桥梁的建造。直到 1940 年，木材工艺中的又一项技术突破——胶合木的应用，使得木材重新成为具有竞争力的造桥材料。1980 年压合木的使用使木材的适应性进一步增强。

木材具有很多适合建桥的优点，如很高的单位承载力、很好的能量吸收性能和抗结冰性。木桥可以有小跨度和中等跨度分别供人行和车行。使用胶合、压合木材并结合科学的结构设计和防腐处理的木桥具有经济、易建造、寿命长等优点。

吊桥

1. 结构类型及组成要素

木桥由桥的下部结构和上部结构两部分组成，下部结构由桥台和翼墙组成，承担上部结构和由上部结构传导的重量。桥台处在桥梁的最末端，将桥梁的重量传至地基。其组成材料主要有石、混凝土。

木桥上部结构由支撑构件、铺面板和栏杆构成。其承重结构有四种，分别是木梁桥、木桁架桥、高架桥和吊桥。

木梁桥是最简单也是最常见的木桥，由一组木梁支撑铺面板，较多地用于跨度 15 ~ 30 m、交通量较少的桥梁。最初木梁使用锯木，现在多为胶合木代替。胶合木的使用极大地增加了木梁桥的跨度，同时由于胶合木较大的截面尺寸，使得梁的数量也极大地减少了。

另一种结构是以桁架承重，将桥面板钉到桁架上。桁架由原木、锯木和胶合木构成，其跨距可达 30 m 以上，而弓形网架和平行悬网架跨度可达 75 m。

高架桥是较为古老的一种结构方式，早先的铁路桥多使用此种结构。以一组梁、厚木板或桁架来支撑木拱。随着胶合木跨度的增加，这种结构桥的使用正在逐渐减少。

吊桥一般以人行为主，它利用钢索连接竖直的木结构作为对桥板的支撑，可有效地达到很长的跨度。园林中的木桥跨度以中小型为主，用来联系两岸交通的同时，可增加园林中的景观性。因此，吊桥满足结构功能的同时应与周围的环境很好地结合，具有一定的艺术感。其结构方式一般为木梁结构。

铺面板材料一般是锯木、钉合木或胶合木。最初人们常使用锯木组成铺面板，与梁正交连接，面板厚度在 75 ~ 150 mm 之间。这样结构的木桥一般只限于人行。胶合木和钉合木出现后，锯木板被逐渐代替。胶合木的铺面板一般使用厚 16 ~ 22.5 cm、宽 90 ~ 150 cm 的板连接而成，与支撑的梁正交或平行。通常跨度不超过 11 m 的木桥可利用胶合木和钉合木组成的铺面板直接架在桥墩上构成。

另一种用做铺面板的新型材料是压合木，它是用高压钢棒将锯木迭片压成一个很宽的面，由高压产生的摩擦力使所有的片像一个整体一样承受荷载。

考虑到使用者的安全，一般桥梁尤其是建得较高或气候恶劣地方的桥，需要设置栏杆。考虑到安全性的要求，栏杆高度应不低于腰的高度，应有足够强度让人手扶或身倚。

木桁架桥

独木桥

栏杆应根据需要选择高度和栅栏的形式。一般木桥栏杆高度 1 m 就可满足要求，若有从桥上摔落的危险性，栏杆应升高至 1.4 m。

正常情况下，栏杆只要设置 3 个水平的横杆就可满足要求，底部横杆与铺面板之间的距离不应大于 1 m。栏杆与支柱之间的距离首先应满足柱的支撑功能，同时应该考虑高宽比之间的比例关系，一般支柱间距与其高度比控制在 1:1.5 ~ 1:2 之间，是一个视觉和结构都较合适的关系。

2. 连接以及细部处理

木桥使用金属连接构件的基本连接方式是侧面连接，包括木材断面与剪切面的连接以及抵抗拉力构件的连接，一般选用方头木螺丝和螺栓。具体选择要根据所承担具体的功能决定。对于构件连接会受晃动影响的，优先选用螺栓，而连接面存在很强的剪力或拉力构件的连接，方头木螺丝就可满足需要。当连接件不需承担结构功能时，使用简单的钉连接就可满足要求，如将薄木板连接成厚的，或改变木材的尺寸的连接等。多个木构件的连接往往需要借助一些专用的连接构件，像吊桥中钢索与木材的连接、栏杆连接的细部处理等。

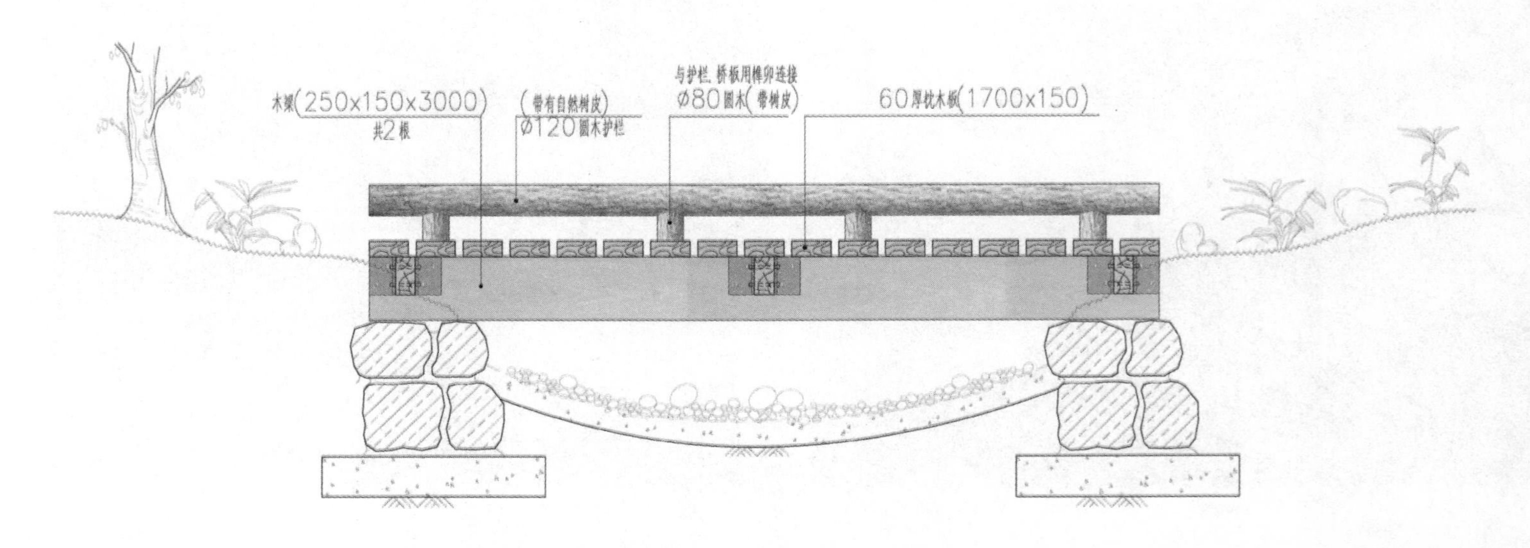

建造铺面板时，细部的处理会因使用材料的不同而变化。使用传统的锯木，由于木材吸水和失水会发生尺寸改变，各木板之间需要留有一定的间隙。为降低木板发生翘曲的几率，应根据木材纹理对可能翘曲的方向做出预测，利用压力来减小变形程度。胶合铺面板由于胶合木加工过程已经充分干燥，尺寸形状较稳定不易变形，因而可使用和缝钢条连接。

木材拥有众多适合建桥的优良特性，随加工工艺的不断进步，不断克服来自跨度的限制，而成为理想的桥梁用材。木桥具有四种基本的结构体系来满足不同用途和跨度要求。园林中以木梁桥为主，由于构件需承担剪力和拉力，连接一般采用栓连接。

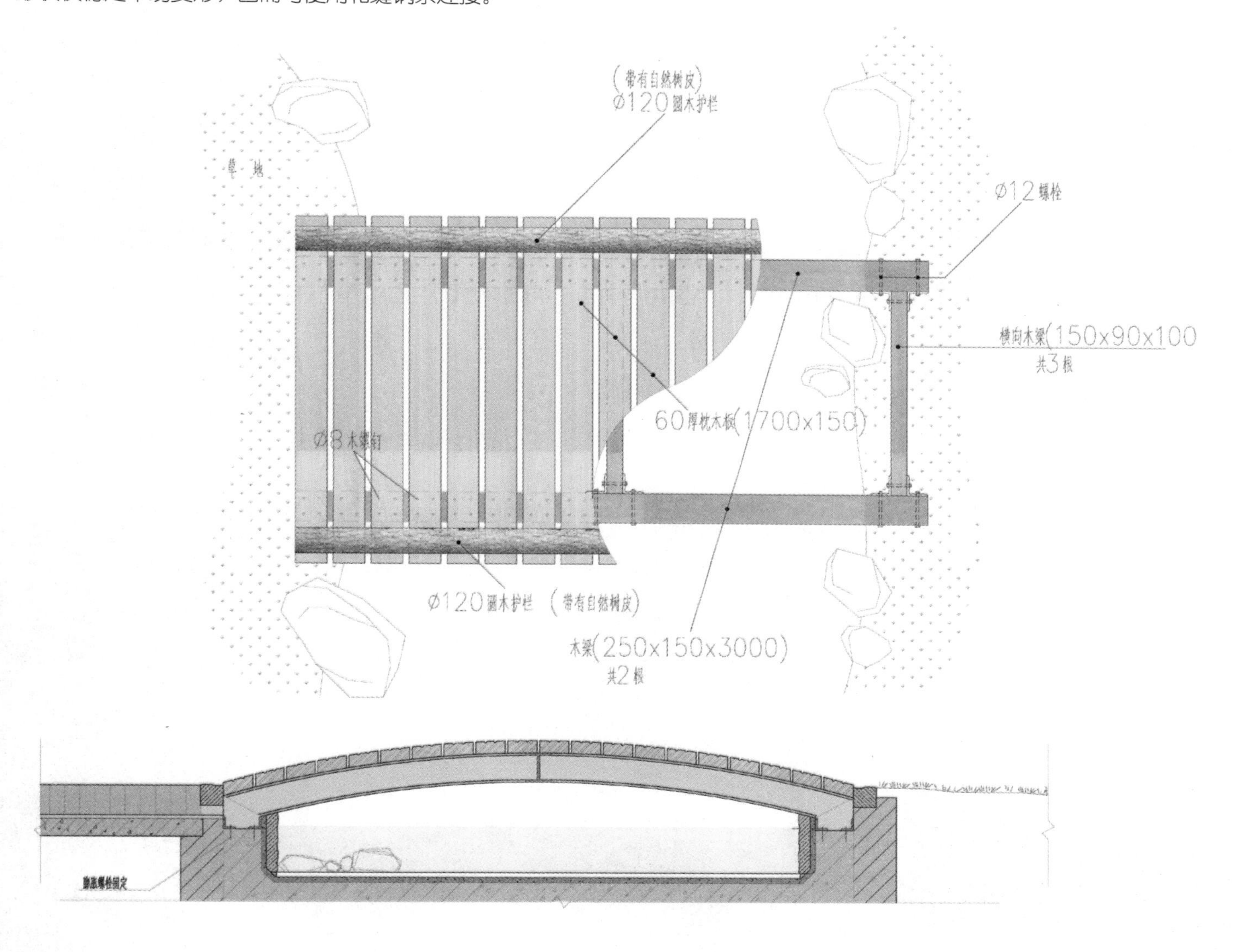

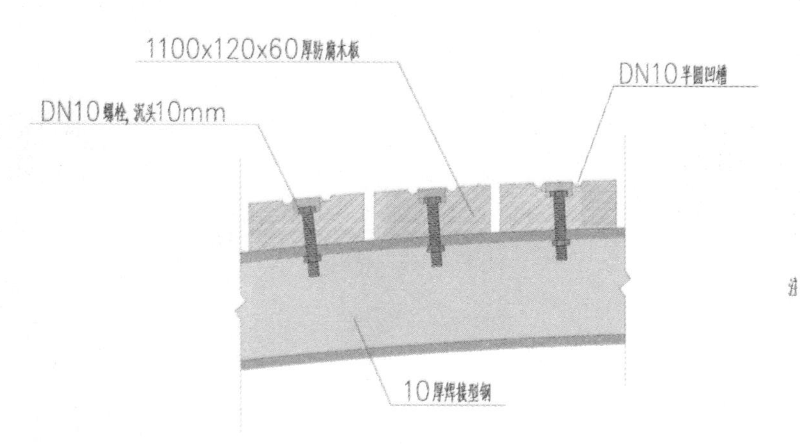

Ravelijn 木桥

The Ravelijn Bridge

建筑设计：RO&AD Architecten

总长度：80 m

地点：荷兰米德尔堡贝亨奥普佐姆市

摄影师：RO&AD, Erik Stekelenburg

Design Architects: RO&AD Architecten

Total Length: 80 m

Location: Bergen op Zoom, Middelburg, The Netherlands

Photographer: RO&AD, Erik Stekelenburg

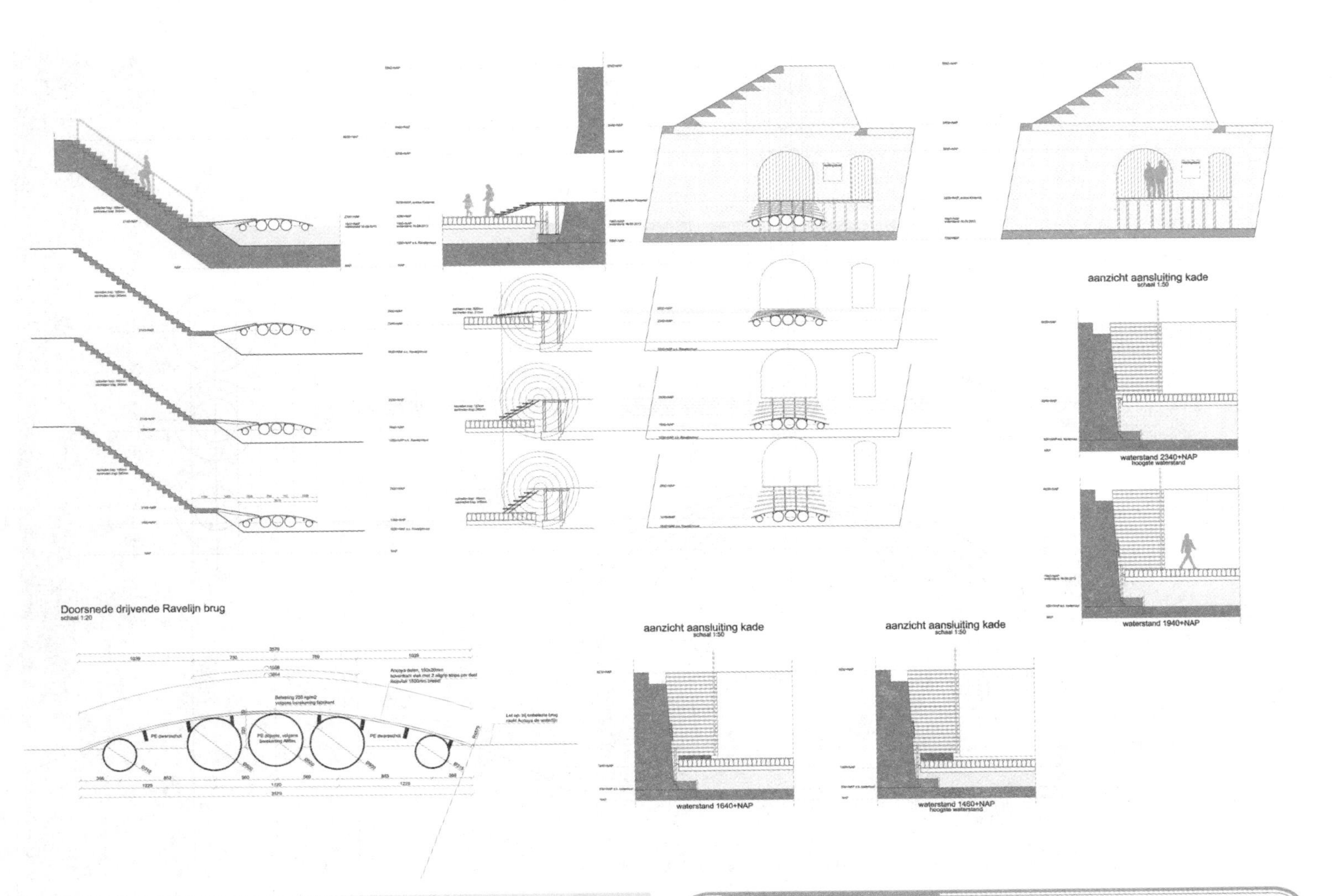

木材应用分析

这座木桥的建造是为了连接Ravelijn堡垒到市中心，同时作为堡垒的紧急疏散通道。木桥的造型蜿蜒如水蛇是为了与之前出入堡垒的唯一方式——游艇的路线呼应，保留了场地的历史脉络。同时木桥的高度被压低至水面高度，对原有场地的景观界面没有造成任何影响。设计师依照“从摇篮到摇篮”哲学为设计原则，用尽量少的结构与环保可持续的材料来构件这座漂浮的木桥，建成后的木桥甚至可以被拆卸和回收用作其他用途，符合可持续环保这一设计主题。

Ravelijn 是荷兰贝亨奥普佐姆市的一座岛上堡垒，由著名堡垒建筑师 Menno van Coehoorn 建于 18 世纪初，同时也是唯一一座他所建造的、仍然存世的“ravelijn”。堡垒原本只能通过乘船到达，因此士兵和物资要到达堡垒只能靠船运横过 80 m 宽的河道，原本的入口依然保留在刚好高于水面线的位置。在 19 世纪末，堡垒失去了其本身的防守功能，而于 1930 年建造了一条升高的木桥。在今天，岛上堡垒主要用于举办各种小型的公共和私人活动。

我们的任务是建造第二条人行桥，两个理由如下：一是连接堡垒和市中心，二是为堡垒在紧急情况下开通第二条疏散通道。

在以前，Ravelijn 的出入都依靠城市提供的小划艇，木桥的设计理念是沿着小艇的行进路线进行铺设，因此能与以前小艇从城市到达堡垒的线路产生回应和共鸣。这就是为什么木桥像蛇行一般蜿蜒的原因。也正因如此，我们也让木桥升高漂浮在水面上。这样设计还有一个额外的好处，就是冬天的时候可以把桥拉到一边，这样就可以在堡垒周围溜冰了。桥面的甲板有一个凸起的弧度，让桥梁与水面以及周围的环境相融合，没有镜像的倒映，桥面尽可能地靠近水面。在堡垒

附近防波堤上的楼梯可以随着水平面上下移动（或保持相同水平层面）。

桥梁完全遵循从“摇篮到摇篮”哲学的原则进行建造。安置在木表面之下的充气聚乙烯管有助于保持桥梁漂浮，不需要借助任何额外的结构骨架。桥面板由固雅木制成，固雅木是一种高性能的木制品，能有效抵抗真菌的侵蚀腐烂，同时也能防止由于靠近水面而产生的膨胀和缩水效应。在将来，这座桥梁可以轻易地被拆卸和回收。

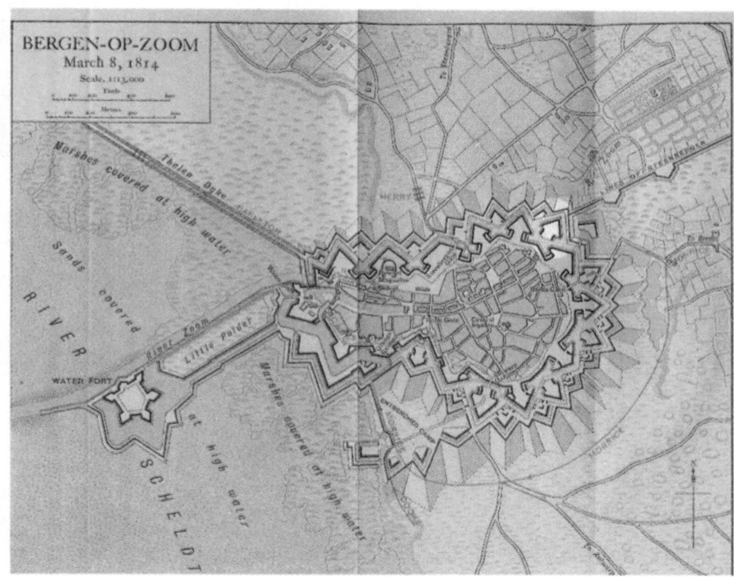

ALLFLEX

无限环桥
The Infinite Bridge

建筑设计：Gjøde & Povlsgaard Arkitekter
直径：60 m
地点：丹麦奥尔胡斯市

Design Architects: Gjøde & Povlsgaard Arkitekter
Diameter: 60 m
Location: Aarhus, Denmark

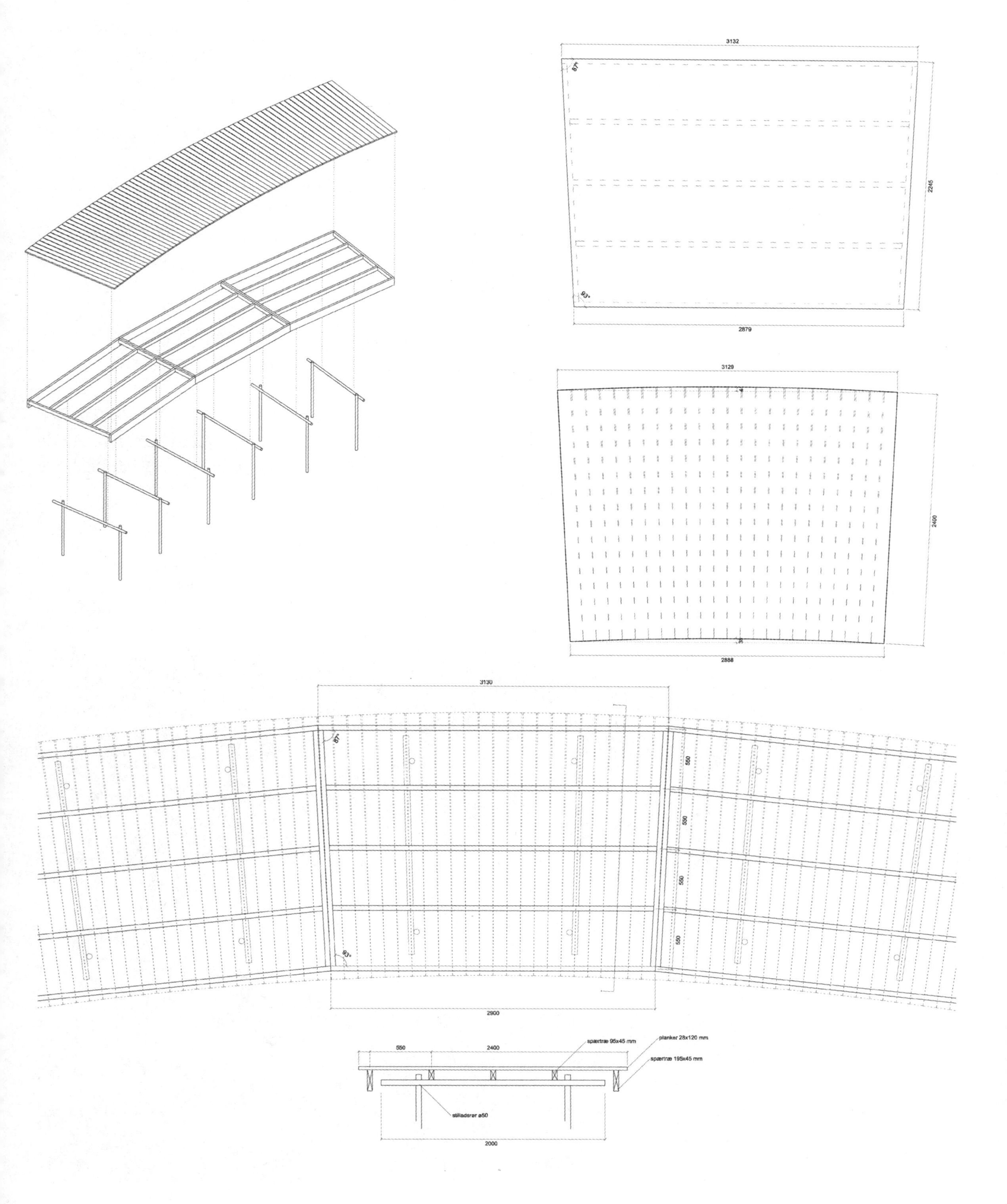
3132
87°
2245
93°
2879
3129
2400
2888
3130
87°
550
550
550
550
93°
2900
550
2400
spærtræ 95x45 mm
planker 28x120 mm
spærtræ 195x45 mm
stilladsrør ø50
2000

木材应用分析

这座圆形环桥是 Gipde&Povlsgaard Arkitekter 事务所主持建造的一个艺术装置，意在让行走在桥上的人欣赏到全方位不同的海景，并提供了一个人与人互动的空间。环桥的直径为 60 m，一半在海滩上，一半在海面上。在海床上插入钢柱，桥面由 60 块相同的木构件安装在钢柱上，浮出水面 1 ~ 2 m。桥梁作为历史上的码头与当今地点之间的一个连接，让人们回想起旧日在这片海滩上发生的场景，在欣赏美景的同时，重新思考自身与城市之间的关系。

这座雕塑般的无限环桥是由丹麦建筑工作室 Gjøde & Povlsgaard Arkitekter 打造，并在奥尔胡斯市外围风景优美的滨海胜地上举办的 2015 海边雕塑国际双年展上进行展示。

作为 Gjøde & Povlsgaard Arkitekter 合伙人兼共同创立者之一的 Johan Gjøde 说道，“我们打造了一座雕塑，都是有关体验周围环境，以及意识到城市和这片杰出的港湾景观之间的关系。走在桥上，你会体验到不断变化着的景色，犹如欣赏着无尽的全景作品，同时你进入了社会互动空间，与其他同样在欣赏全景的人进行交流。”

无限环桥的直径为 60 m，整个圆环一半在海滩上，一半在海面上。桥面 60 块完全相同的木构件安装在钢柱上，钢柱深入到海面 2 m 之下的海床，桥甲板根据潮汐浮出水面 1 ~ 2 m 的高度。桥梁的曲率沿着景观的轮廓，因为桥梁坐落在一处小河谷的出海口，从沙滩上沿着河谷一直往里走能到达森林。

除了展开海边全景之外，无限环桥建立了这一场地当今和历史之间的联系，重新连接了海滩和海面被长时间遗忘的视角。

Gjøde & Povlsgaard Arkitekter 合伙人兼另一位创立者 Niels Povlsgaard 说道，“桥梁连接了先前一座码头的登陆点，人们曾经从城市搭乘蒸汽船到达这里进行放松和度假。坐落在海滩山坡上历史

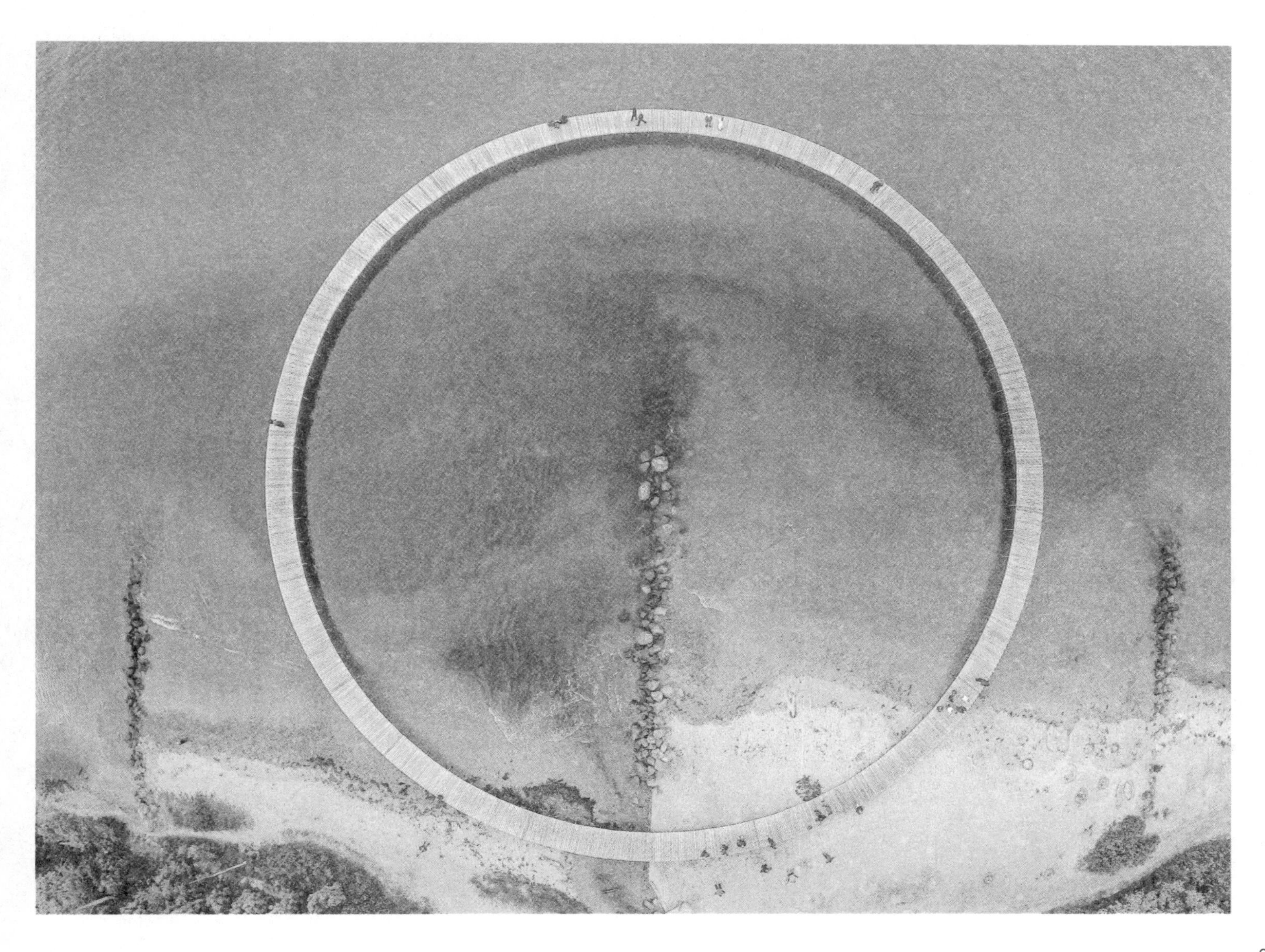

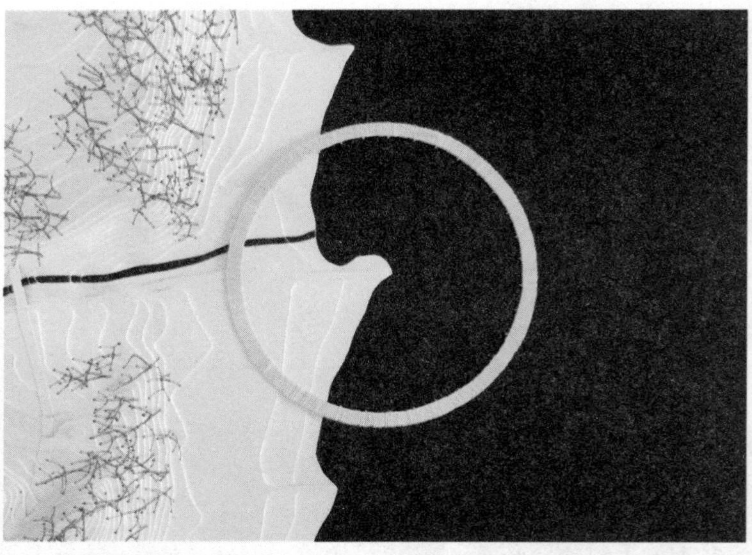

悠久的瓦尔纳馆（Varna Pavilion）因其露台、餐馆和舞厅而成为这片优美胜地的热门目的地。位于森林边缘的瓦尔纳馆让人们体验已经不复存在的码头登陆点，无限环桥恢复了这一历史联系，并在城市和周围景观的关系上提出了新视点。”

“我们建筑实践背后的哲学是靠我们自己启动项目。我们并没有等待一个项目到来，而是创造项目并与人们联系，以此来作出决定。在这个背景下，海边雕塑展是我们能够在丹麦海岸防护区内进行作业的唯一机会，并在不可接近的区域建造安装无限环桥”，Johan Gjøde 说道。

在对艺术和建筑之间的分界线作出评论的时候，Gjøde 和 Povlsgaard 非常清楚自己的角色。他们在设计展览空间方面有丰富经验，并擅长打造需要在既定位置追求空间可能性的项目。

“我们从事艺术和建筑领域的工作多年，大部分时间是后退一步让艺术走进公众视野。在这种情况下，你不得不创造一个环境，让人们面对面，并用新的眼光去注视独特的艺术作品。就如我们打造无限环桥，我们尝试创造一个环境，让你体验城市周围的景观。事实上，自然、城市天际线、海港以及人和海水的关系，才是真正的艺术品”，Johan Gjøde 说道。

于默奥大学校园公园

University Campus Park Umeå

建筑设计：Thorbjörn Andersson 与 Sweco Architects

尺寸：23 000 m²

地点：瑞典于默奥市

Design Architects: Thorbjörn Andersson with Sweco Architects

Size: 23,000 m²

Location: Umeå, Sweden

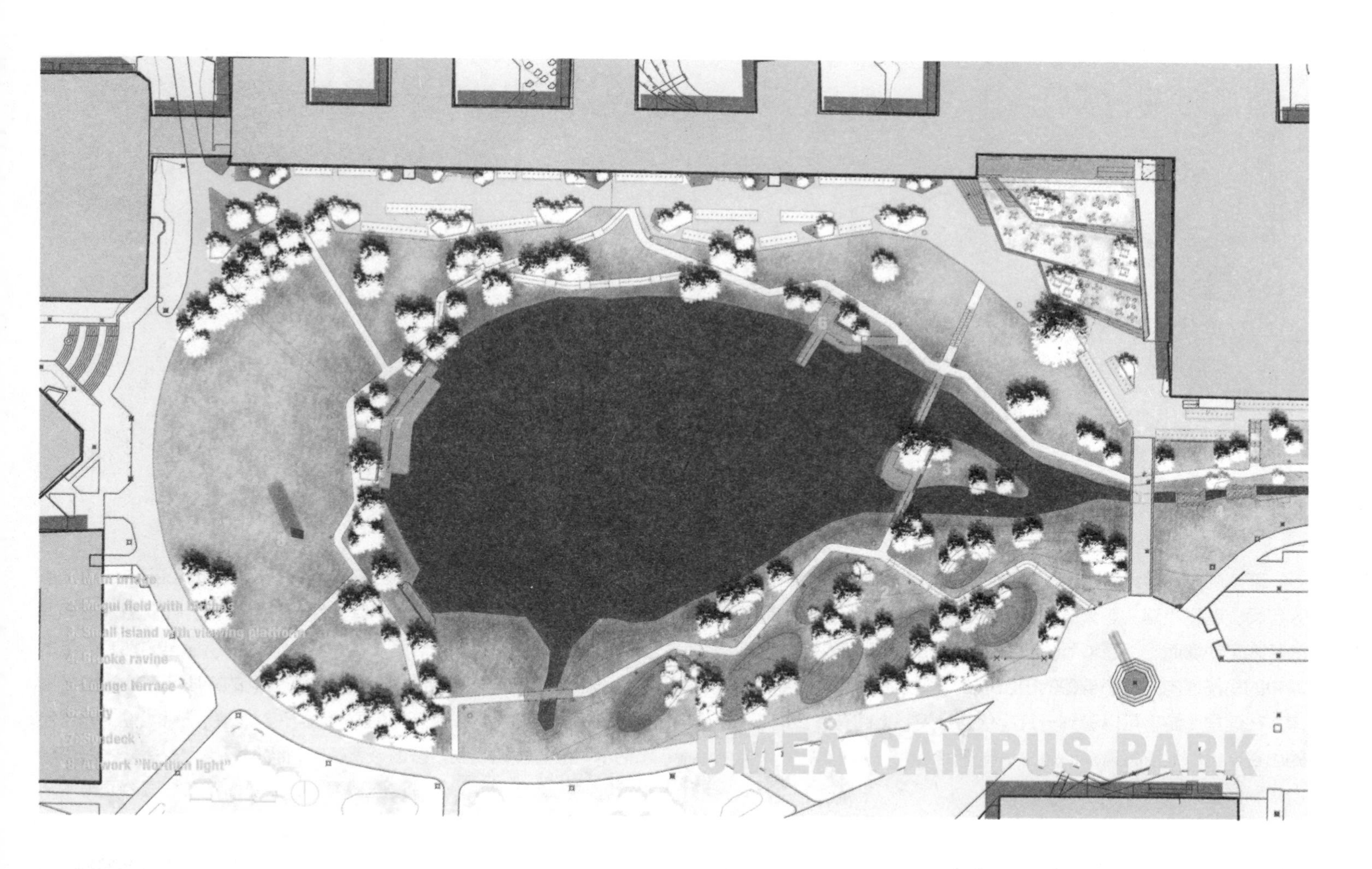

木材应用分析

于默奥大学校园的木桥作为步行系统的一部分，连接了教学楼与公共绿地成为一条“捷径”。在用料上采用了亲和性高的木材满足校园景观的舒适度需求。景观桥刻意设计成“之”字形，并在转角处围合了矮墙与座椅，使得学生在桥上停留的时间加长，不仅满足了休息、远眺的需求，同时大大提高了社交的可能性。

于默奥大学是一所创建于 20 世纪 60 年代的年轻大学，来自世界各地约 35 000 名学生在这里学习各个领域的知识。大学位于北极圈以南约 300 km 的海岸附近。

一座校园公园应该具备各种各样的功能空间，用于漫谈会的召开和学生之间的沟通交流。学生、研究人员和教师之间真正具有创造性的交流更多是发生在开阔的空间，而不是演讲礼堂里或者实验室显微镜旁边，校园公园的高质量环境提升了大学总体上的吸引力。

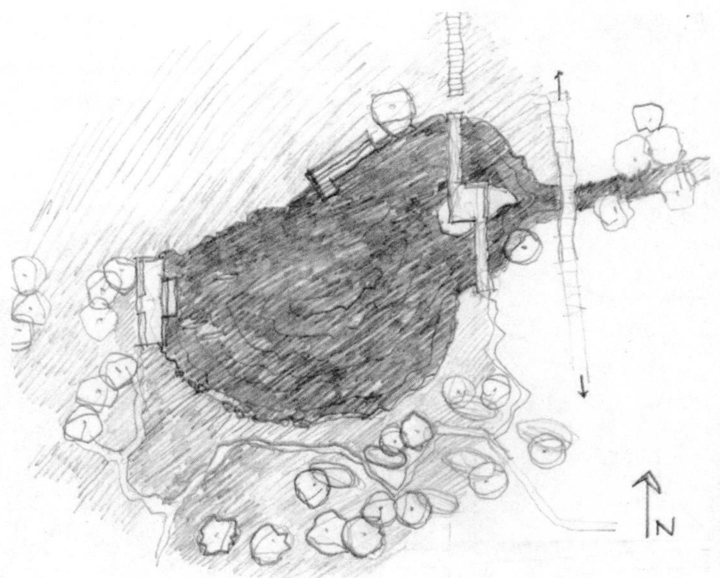

新建的于默奥大学校园公园包括 23 000 m^2 的日光甲板、防波堤、人行桥、鸭子小路、露天草坪、步行小径以及露台，这一切都围绕着一片人工池塘而设，而这片池塘是对一条河进行筑坝阻拦之后形成的。湖中的岛是通向一片小群岛的出发地，群岛上有桥梁连接着南部的海岸。在这里，游客可以看到一片起伏的丘陵，上面有许多向阳和背阳的山谷，山谷上散布着桦树的白色树干。

校园公园里，人行漫步道在各社交兴趣点之间迂回行进，这些点大小不同，有的比较大而开放，有的比较小而亲密。社交点根据不同的目的进行调整，因此来访者总是能找到一处吸引自己的地方。与水面亲近是人们进入空间的共性心理，也是空间的特质所在，这些特质不仅包括开阔的视野、清新的凉风、看与被看的社交可能性，而且还包括水平面激发的氛围。该区域所有的桥梁都只是人行桥，木质材料是设计中的重要元素。建造这些桥梁的目的是为了在校园公园里带来多样性，并使人行漫步道变得更加有趣。

第七节　室外家具

木材温暖柔和的质感和人情化的品质以及易于加工的特点，使其在园林户外用具的建造材料使用量上占有很大的比重。随着人们对园林中的需求日益丰富，木材的应用范围也不断地拓展，在人们手触、身倚、坐卧等用具的表面材料也多使用木材。本节以室外的木桌椅为例，说明室外用具设计时应该注意的方面。

1. 室外家具的基本功能

功能是室外用具存在的原因，因此满足使用功能是设计的根本原则。园林中的坐具应该能让大多数人使用舒适。舒适性的要求很大程度上决定了座凳的尺度和细部处理。首先，座凳应该有一个合适的高度，对于座椅，应使人能自然地把脚放到地上而不会压迫到腿。由于人的身高存在着个体差异，可通过一些细部的处理来尽量满足不同使用者的需求，例如可通过增加座椅的深度来满足高个者的需求。木材吸水和失水会发生胀缩，同时为保持凳面干爽，可在座凳条间留 5 ~ 10 mm 的间

距。对于桌子，为保证使用的舒适，应同座椅保持合适的高度和距离。桌面的尺寸应保证给每个人都留有一肘的空间，这些尺寸可根据人体工程学的基本尺寸得出。一般座椅的高度在 425 ～ 450 mm，宽度至少大于 400 mm。一般桌子的使用功能和人数会限制桌子的尺寸，但方桌的边长最小不得低于 800 mm，若为圆桌则直径应为 900 mm，供 6 人使用的直径是 1200 mm，供 8 人使用的长方形桌为 900 mm × 2000 mm 。

2. 室外家具设置

作为园林中的小品，满足身体的舒适只是满足了最基本的要求，而“娱心”则是园林设计追求的较高境界。因此，座凳的设置要考虑人的行为心理，人不愿意在空旷无依靠的地方停留，座凳的环境应该尺度合宜，具有一定的围合感。与树池、花坛以及其他景观小品结合的座凳较受欢迎。

室外用具也是构成整体环境的重要组成部分。因此，它的风格类型取决于周围的环境，应与周边环境相协调。纪念性广场的座凳自然不能与自然风景区中的座凳使用相同的形式。处在居住区内让人不由地想起乡里人家用石头支撑的原木座椅，会使亲切感和归属感倍增。座凳的设计无论造型还是材料都应与周边环境有机融合，因地制宜，得之有理，即可为环境添上靓丽的一笔。

3. 木构件的连接以及细部处理方式

木材优良的特性和人们对自然、纯朴设计的向往促成木构件在园林中的广泛应用。虽然不同的功能使木构件具有不同的结构形式和细部处理方式，但相同的材料组成又使它们拥有共同遵守的规律。

鉴于木材的力学特性，园林中木构件的结构仍以能很好发挥木材特性的梁柱体系为主。木构件还可与其他材料的构件组合使用来弥补自身的不足，“取长补短”，综合利用多种材料的不同优势。但在连接时，要考虑不同材料混用对形态的影响，还应注意其他结构与木材相连时，水分对材料的破坏作用。应有意识地进行处理，使功能与形式都能够完美表达。

现代工业进步对构件连接产生了很大的影响，连接处理有了更多的选择。栓连接以及金属连接件相对于榫卯连接更适合处理受力复杂的节点，可克服榫卯连接由于必要的挖损造成节点膨大的不足。榫卯连接由于不使用其他的材料而更易突出材料和造型的表达，因此在以材料和构件结构体系为表达重点的设施中，更适合采用榫卯连接。构件的连接处往往是形体转折处和材料变化处，是视觉的焦点，因此节点的形态设计也是构件连接设计的重要方面。

木构件的细部处理最初起源于减少水分对木材的不良影响，后逐渐演化为对整体具有装饰作用的细部处理。它主要集中于构件连接处、构件与其他结构的连接处和没有抗腐蚀能力的端头处理。设计中，在考虑功能的同时需要注意与整体协调的形态处理。

木构件的结构设计和细部处理需要综合考虑功能、材料特性和美的形式等几方面的因素，平衡它们的关系，才能更好地发挥材料各方面的优良特性。

uiliuili 长凳
uiliuili Bench

项目设计：Piotr Żuraw Design Architects: Piotr Żuraw

地点：波兰弗罗茨瓦夫市 Location: Wrocławski, Poland

木材应用分析

uiliuili 长凳打破了常规木家具的设计手法。设计师将木材分割成带孔的小片，用金属构件互相连接并调节成不同的角度进行组合，最终呈现出具有韵律感的流线形态。长凳没有明确规定的椅面位置，而是以不同的高度和曲面构造暗示人在椅子上可以进行各种活动，如坐、卧、躺、攀爬、跳跃等，并且设计师还鼓励人们与长凳互动出更多的可能性。这样一张充满动感的椅子还被涂装成各种不同的颜色，焕发出更多的活力。

由建筑师 Piotr Żuraw 所设计的 uiliuili 长凳是一座具有迷人美学形态的城市家具，其独特的形状让人在此做出非常规的行为——在 uiliuili 长凳上，使用者可以坐下、躺下、伸展躯体、蜷缩、坐得更高点、攀爬、跳跃......可能性是无穷无尽的，使用者一定能够通过他们自身的选择和创造性，发现更多新的可能性。

uiliuili

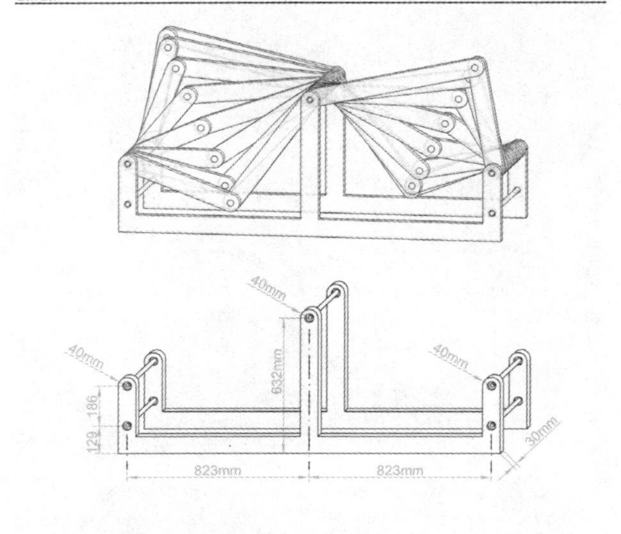

uiliuili

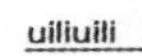

mm

	A	B	C	D	E	F	G	H
Z1	133	229	500	617	764	496	500	558
Z2	134	229	498	616	762	494	498	557
Z3	138	229	491	612	758	488	495	553
Z4	144	229	481	607	750	479	489	546
Z5	153	230	468	601	740	468	481	538
Z6	163	231	452	593	727	454	472	527
Z7	176	234	435	586	713	438	460	514
Z8	190	238	416	578	698	420	448	500
Z9	206	243	397	571	681	402	434	484
Z10	224	250	377	565	664	383	419	466

uiliuili

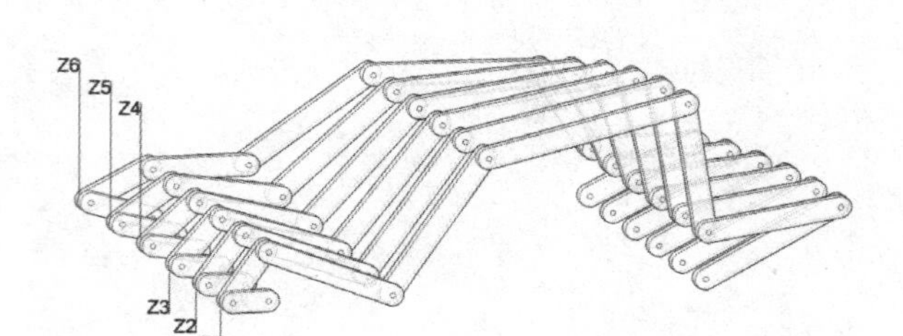

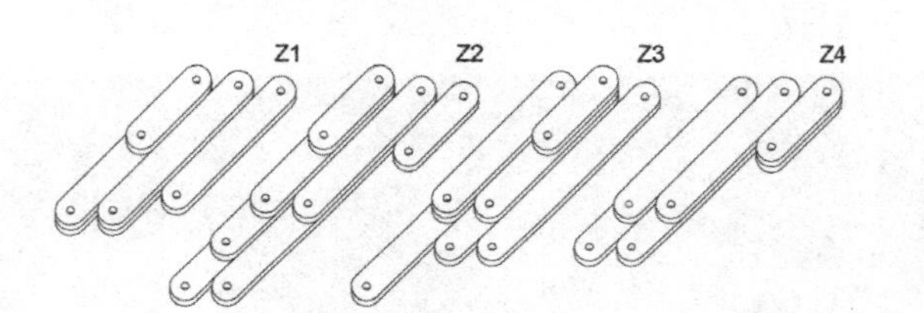

uiliuili

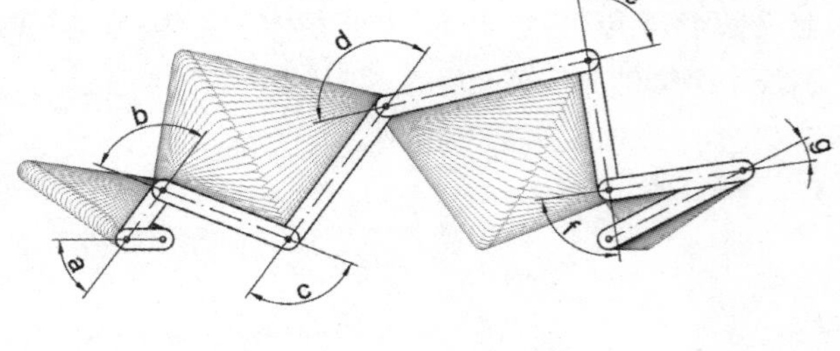

	a	b	c	d	e	f	g
Z1	54,50°	103,70°	103,70°	138,50°	86,00°	90,60°	19,30°
Z2	53,33°	109,22°	109,38°	139,05°	88,32°	83,88°	20,47°
Z3	52,15°	114,75°	115,05°	139,59°	82,65°	78,35°	21,65°
Z4	50,98°	120,27°	120,73°	140,14°	76,97°	72,83°	22,82°
Z5	49,81°	125,79°	126,41°	140,69°	71,29°	67,31°	23,99°
Z6	48,63°	131,32°	132,08°	141,23°	65,62°	61,78°	25,17°
Z7	47,46°	136,84°	137,76°	141,78°	59,94°	56,26°	26,34°
Z8	46,29°	142,36°	143,44°	142,33°	54,26°	50,74°	27,51°
Z9	45,11°	147,89°	149,11°	142,87°	48,59°	45,21°	28,69°
Z10	43,94°	153,41°	154,79°	143,42°	42,91°	39,69°	29,86°

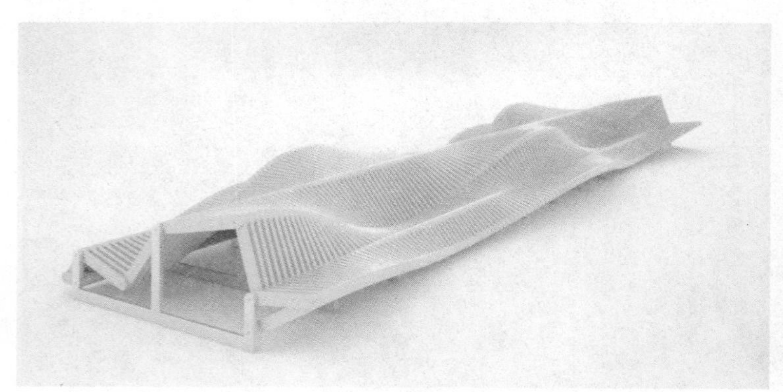

uiliuili 长凳的网状小孔结构由钢材和山毛榉木制成，长 10 m，宽 3m，根据工效学原则进行设计，木座椅触感很好，摸上去既舒服又温暖。长凳身处 Grunwaldzki 大学校园内，被摆放在弗雷德里克·约里奥 - 居里大街上大学图书馆的正门前。在极简抽象风格的图书馆建筑面前，长凳既吸引了眼球又不会在环境中显得太突兀。长凳的名字是怎么来的？“uiliuili”这一单词里字母的顺序像极了长凳那波浪状起伏的形状。

长凳并没有设计成只被学生使用——尽管学生们可以在脑力劳动的小憩时候坐在上面阅读和放松，而是作为一处会面和休息处，迎接所有欣赏优秀设计，并愿意接受新设计的人。

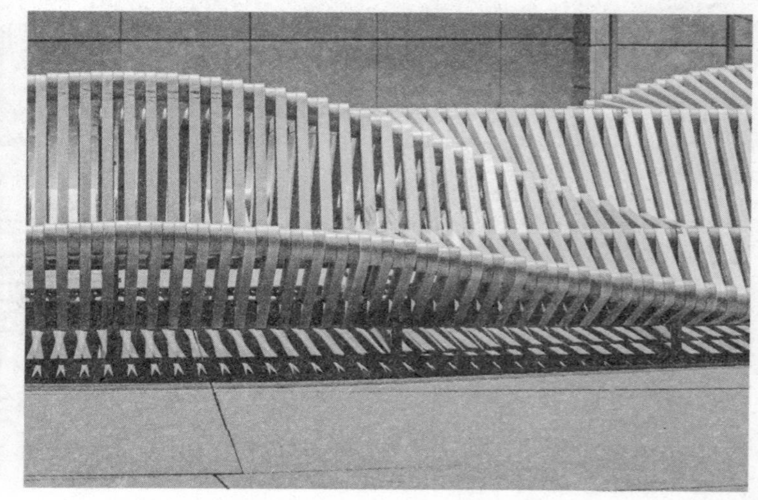

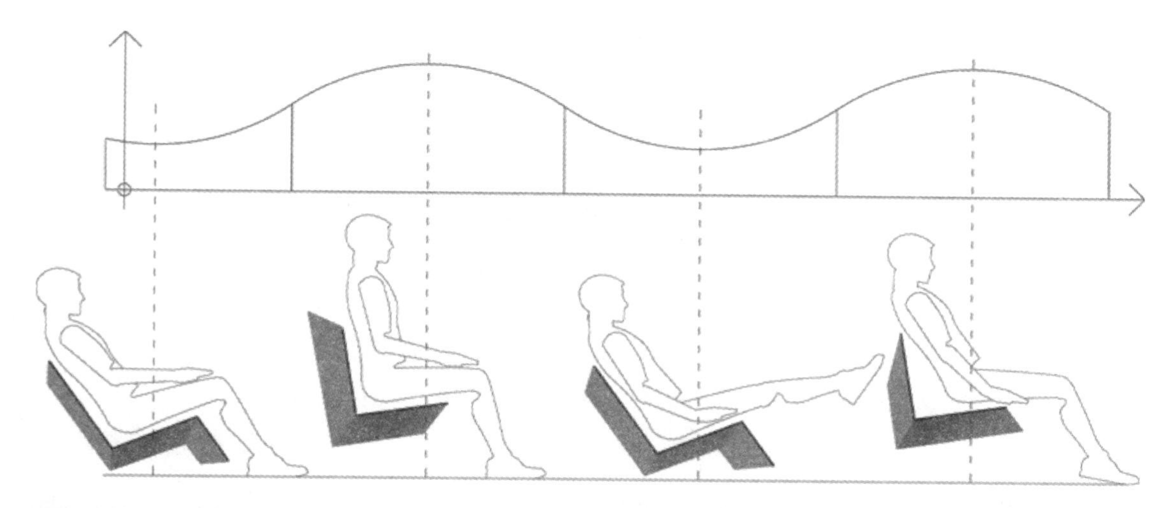

特大号街道沙发
XXL Street Sofas

建筑设计：ipv Delft
地点：荷兰吕伐登市威廉敏娜广场
摄影师：HenkSnaterse

Design Architects: ipv Delft
Location: Wilhelmina plein, Leeuwarden, the Netherlands
Photographer: HenkSnaterse

木材应用分析

作为一个市中心广场的户外家具，ipv Delft 以沙发为概念，将座椅设置在乔木底部，与树池的功能相结合。为了避免树池露土，用塑料板对树干基部进行了遮挡。用钢构搭出“沙发”的整体架构，表面安装木构件形成凹凸有致的几何造型。设计师采用了三种不同的座椅高度（分别是 43 cm、58 cm 和 65 cm）供不同人的选择。这个大号沙发以高端的姿态与乔木一起融合到公共空间中，受到大众的喜爱与认可。

阳光甲板、沙发、野餐桌或舞台为吕伐登市中心一座大型广场所设计的特大号街道沙发整合了这些不同的功能。沙发有三种不同的座位高度（分别为 43 cm、58 cm 和 65 cm）可供使用者选择。广场的完全翻新在 2013 年完成，这些沙发则是翻新规划的一部分。

ipv Delft 基于一种景观城市设计风格的草图进行沙发的设计，这种风格也是威廉敏娜广场翻新的总体设计风格。每张 5 m x 2 m 的沙发都被放置在一棵树周围，沙发的版本分为两种，一种是把树围绕在中间，而另一种则不是，尽管两种沙发的材料和细节设计都是一样的。树被种植在一个圆孔之中，圆孔表面盖有黑色塑料薄片，开口契合了树干的轮廓。在晚上，围绕树木的钢环里面装有集成式照明设备，设备照亮了树干、树枝和树叶。

特大号街道沙发由木和钢制成，这一永恒的材料组合配合沙发高端的外形，也可作为 ipv Delft 设计的完美范例。

线上小站

A Stop on the Line

建筑设计：100 Landschaftsarchitektur

总体尺寸：2 500 m²

站台长度：40m

摄影师：Thilo Folkerts，VG Bild-Kunst Bonn

Design Architects: 100 Landschaftsarchitektur

Overall Size: 2,500 m²

Length of Platform: 40 m

Photographer: Thilo Folkerts, VG Bild-Kunst Bonn

木材应用分析

线上小站的原址是电车与铁路通行的轨道区域，铁路被荒废后该区域一直没有得到有效的利用和改造。设计师希望能从场地的历史传承出发，重塑此地的车站主题，见面、汇集、沟通和交流。于是一座新“月台”被设置在场地的自行车道和通路之间，覆盖了之前狭长的绿化带并且抽象地重现了往日有轨电车站的情景，变成了这一公共空间中的社会性功能元件。设置成座位高度的月台可还以当作座椅或者舞台。

2011 年，比利时西弗兰德省的社区协会启动了一项名为“丑陋斑点”的首创性计划，旨在对有关社区的公共空间进行重整，并将区域内最丑陋的“斑点”用富有创意的手段改造成吸引眼球的景观。Rollegem 作为 10 个被选项目地址之一，接受了设计师们的改造。到了 2012 年，名为“线上小站”的项目受到竞赛评判委员会的推荐，成为第一个建成的项目。

数十年来，即便是弗兰德斯最偏远的地区，也被区域列车和电车网络所覆盖。在铁路荒废后，这些网络被改造成自行车道和休闲路径。铁轨的线型残留痕迹被再次运用到新的交通和休闲网络之中，但这种利用常常缺乏对之前场地的文脉传承，导致这些铁轨痕迹看起来就像是凭空出现的东西，奇怪而突兀。丑陋斑点计划的开展有望让这些地方的历史背景得以重新展现，并为市民和当地环境增添了叙述性脉络。

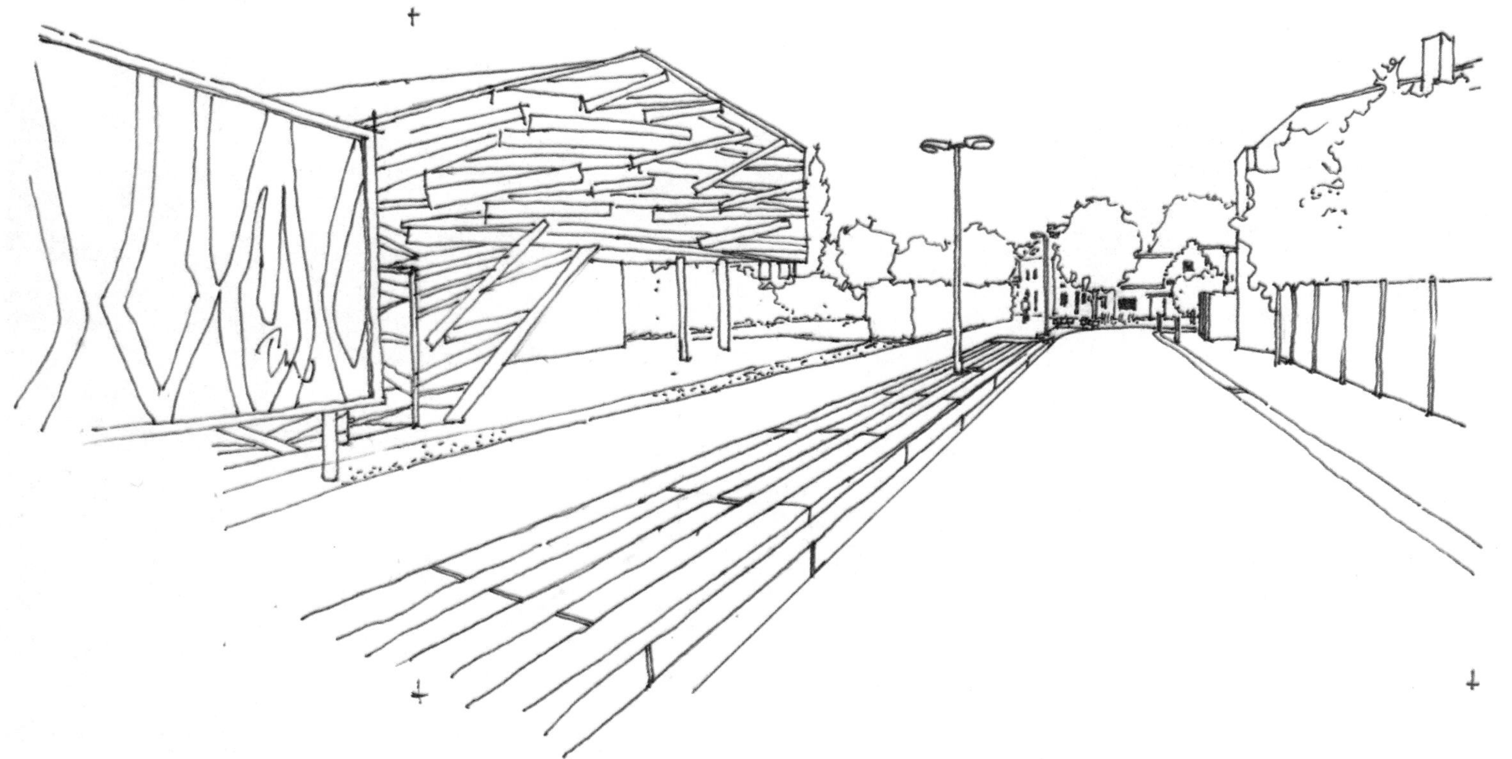

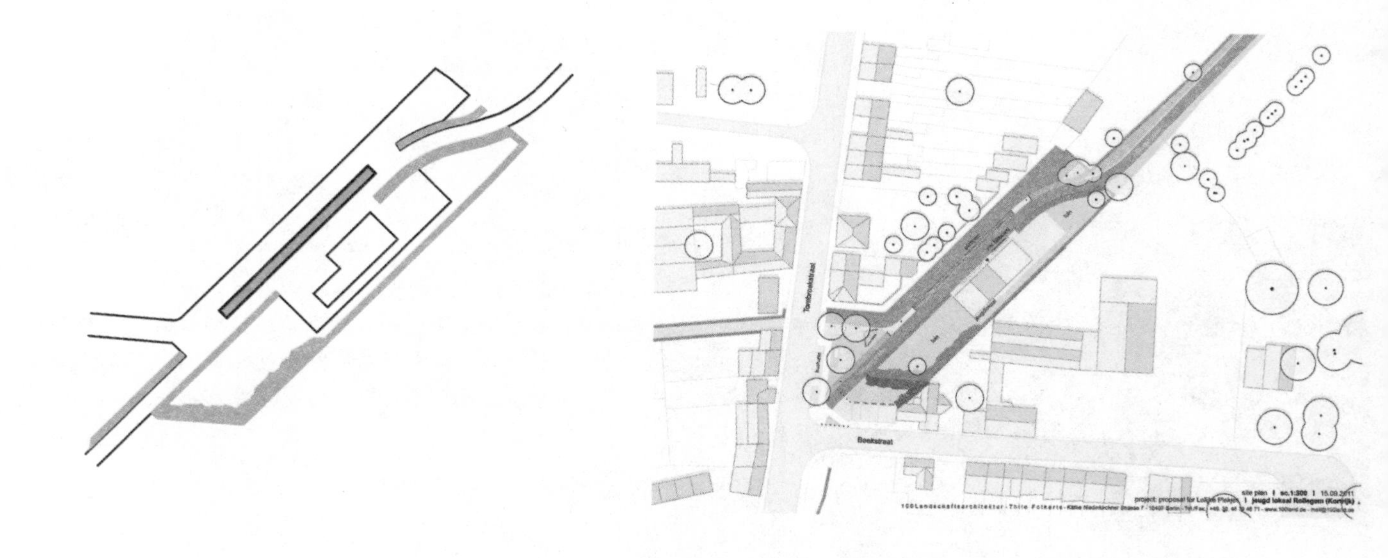

Rollegem 青少年活动中心周围的区域进行了功能性升级，开通了一条通向邻近房屋背面停车库的通道，这片通道区和青少年活动中心之间是一条自行车道和人行通道，路面铺有同样的黑色沥青。道路和建筑之间有许多绿化带，均为成片的草地。这使得整个环境具有两个特色：一种情况是路径沿着原来有轨电车线路清晰的线性布局；另一种情况是弥漫而不清晰，以前的旧道路交汇并向四方延伸。看起来就如这个地方失去了它的故事和情节主线，思路变得松散了。

项目旨在重塑此地的车站主题，见面、汇集、沟通和交流。在这种情况下，青少年活动中心有机会将自己的活动场地外扩，获得空间、站台和屏幕来与公众进行交流，沿着自行车道的线性结构，中心变得有点像一座车站了。一座新“月台”被设置在自行车道和通路之间，将两条道路连接起来，之前两条道路之间是一条难看的狭窄杂草带。然而更重要的是，月台抽象地重现了往日有轨电车站的情景，尽管只是在月台上设置一条简单的柱子，但现在变成了这一公共空间中的社会性功能元件。设置成座位高度的月台可以当作座椅或者舞台。项目合并了现有的街灯和标识，并重新排列了青少年活动中心旁边的树篱，用现存的元素创造出崭新的景观环境。在完成月台的建造之后，官方在道路上立了一块路标，上面写着“车站路”。

埃尔曼私人住宅
Erman Residence

建筑设计：Surfacedesign, Inc.

地点：美国加利福尼亚州旧金山市

Design Architect: Surfacedesign, Inc.

Location: San Francisco, California, USA

在 2005 年夏天，设计师们收到一位对冲基金经理 Mark Erman 的委托，为他那旧金山附近诺伊谷的新居设计一座后院。在寻求最佳方法来改造这片相当典型的 69 m^2 后部空间时，这位独自一人生活在两公寓建筑底层套间的委托人只提出了两个点要求：一是花园易于打理；二是设有一个户外按摩浴缸，让人在忙碌一天之后能舒缓疲劳。

乍一看，场地的挑战比起其潜能更容易被发现。开发者体贴地铺了一层草皮（现已变得不修边幅）并打造了一个水景（已损坏），更令人气馁的是为了使花园面积最大化，他把花园挖掘到了现在的水平高度。花园北面是一堵 4.2 m 高的挡土墙，西面是一堵 3 m 高的围墙，后面则赫然耸立着一栋四层高的建筑，这使得中间的花园感觉起来远比实际面积要小和局促。因此，我们的目标并不是简单地在现有环境中建造一座预制好的温泉浴盆，而是在花园里寻求创造活力和生气的方式，并精心挑选和摆放植物以营造自然的花园空间。

为了尽可能延长从房子到温泉浴场的距离，设计师在开始时把花园划分成 3 个区域。首先，屋子后面的石天井扩展开来形成了一个户外餐厅，从视觉上（和实际上）延伸了室内空间，让室内对户外充分开放。从那里开始，沿着一条用平行四边形石板材铺成的小路来到中部区域，这里有一片 6 m 高的小竹林被种植在一片稠密的粗草之上，这片粗草混合了春季开花的球茎，以及冬季开花的藜芦。这一区域也成了这座花园最隐秘部分的一张精致面纱。一排对角的日本黄杨木树篱组成了花园的入口，树篱清脆的边缘模拟铺路的几何结构，庭院后方设有户外按摩浴缸，两侧种有三棵日本银钟树，犹如雕塑一般从风化的花岗岩地面拔地而起。

木材应用分析

由于庭院主人需要在后院中设置一个户外按摩浴缸，而传统的浴盆户外按摩浴缸通常被视为与周围景观格格不入，于是设计师建造出一个木造封盖将浴缸包裹起来。为了方便推开盖子使用浴缸，设计师还在封盖下安装滑轮并为其设计了一条轨道。当浴盆被使用时，封盖会顺着轨道滑动变成一个水边露台。当封盖持续移动过花园来到平台边便可兼作餐桌。这样，原先被设计成遮羞布的封盖在变换了不同的功能后成为花园的一个特色焦点。

户外按摩浴缸通常被视为与周围景观格格不入的物件，设计师们则通过“旧”物新用的方式来迎接这一挑战。包裹住预制温泉浴盆的是一块 0.7 m^2、由环保 IPE 木材构成的钢框架护板，犹如镶嵌在从后栅栏延伸出来的平台上。当浴盆被使用的时候，这块可以移动的封盖会顺着轨道滑动下来变成一块水边露台，可以在上面晒日光浴或者晃脚。封盖借着不锈钢轮移动 12.2 m 穿过花园来到平台边，这一平台可兼作餐桌——这是花园产生活力的设计解释。当封盖停在中间时，则变成了植物的三维框架，巧妙地契合其体积。即使在浴盆没有盖的时候，安装在前面的钢板也能在反射深色栅栏色调的时候起到部分遮蔽作用。

侧栅栏同样为这一空间增添了律动感，隐藏了原有的混凝土墙块及其沉重的垂直性体型，为这一看起来简朴的空间增加了一丝工艺感。红衫木板被染成黑色并间歇地刻上斜纹——这是为了增强视觉效果，尽管其固有的水平特性延长了花园的外围。当夜幕降临，放置在栅栏和围墙之间的灯变得绚丽夺目，就如穿过夜空的灯笼反射出有趣的倒影，将空间柔和地照亮。装嵌在花园前栅栏上的户外烤架，可用于温暖季节中的露天聚会。

尽管被一系列的预算问题所限制，设计师们最终根据客人的方案要求，成功在这片青翠的绿地上打造出一座花园，而且同样令人欣喜的是，无论是藜芦花开的冬季，还是银钟树飘花的夏季，这座花园的维护成本都非常低廉。

基乐斯山公园

Park Killesberg

建筑设计：Rainer Schmidt Landschaftsarchitekten GmbH

占地面积：约 100 000 m^2

地点：德国斯图加特市

摄影师：Raffaella Sirtoli

Design Architects: Rainer Schmidt Landschaftsarchitekten GmbH

Site Area: About 100,000 m^2

Location: Stuttgart, Germany

Photographer: Raffaella Sirtoli

木材应用分析

基乐斯山公园前身为当地一个采石场，设计师希望通过交通的重整和景观设计为人们在此建造一片绿地。设计将场地下沉，希望能从不一样的视线尺度来重新观察场地的结构。于是行人穿行在一片齐目高的绿色坡地中，木构座椅也设在园路边上以一种特殊的姿态嵌进绿坡中，坐在座椅上背靠绿坡眺望公园，带来了一种前所未有的游戏性视觉体验。

基乐斯山公园的历史起源于当地作为工业用途的一个采石场。这片地貌以"斯图加特方石堆"著称，在很长一段时间内蕴藏了丰富的砂岩矿，并留下了锯齿状的人工地形，就像一道留在景观上的裸露伤口。所谓的考恩霍夫红墙依然矗立着，作为曾经用途的象征，其明艳的红色砂岩形成一条明显的边缘。尽管位于倾斜的黄金地段，此地由于之前用途的原因，并不适合作为建筑用地。因此，斯图加特市政府于 1939 年申请举办国家园林展，希望借此契机来重建和整合这一地区，并利用重整交通和景观的手段，为人们在此建造一片绿地。基乐斯山公园最初由 Hermann Mattern 设计，是如今此地区唯一保存良好的 20 世纪 30 年代园艺学艺术范例，公园精细的概念突出了景观的基本结构，并改变了远景和视图。

自20世纪30年代以来，该地区的规划就旨在把基乐斯山各种各样的公园和花园连接起来。借助这一棕色地块拟建的再设计项目，此地有机会打造一条起始于城堡花园、一直到马特恩海德的“绿色U型带”。每个地区都保持着自己的个性，因此游客可以通过连贯的游览来领略这座城市的花园文化。只有在拆除旧的展览场之后，基乐斯山公园才有可能得以扩建，旧展览场直到2012年之前都是“绿色U型带”南边缘的一块屏障。旧展览场位于斯图加特美术学院附近，在重建后将成为一座创意产业园。一座作为美术学院附加空间的社区活动中心，连同200间公寓、办公室和一居室公寓将作为项目的一部分规划待建。作为绿色接点，基乐斯山公园的扩张充当了这一片新建地区的绿色中心，以景观建筑的现代表现保持了这一区域作为园林展场地的长远历史，也作为互联绿色空间的典范展现在世人面前。

设计是当地政府、市民和居民协同合作的结果，整体设计规划是为公园的扩建提供一个首创的理念，结合生态学和经济学，并打造一个不同于地方政府所规划的新型城市环境。合作中需要提供许多设计备选方案和修正方法，旨在让利益相关者明白设计意图，并为后续决策提供令人信服的依据。在对绿色网络不同部分的各自特性进行了众

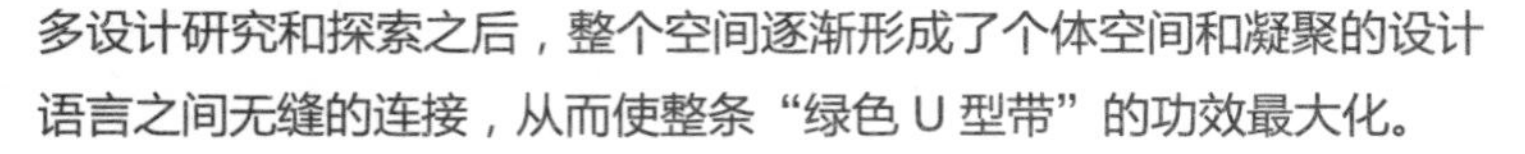

多设计研究和探索之后，整个空间逐渐形成了个体空间和凝聚的设计语言之间无缝的连接，从而使整条“绿色 U 型带”的功效最大化。

塑造基乐斯山的两个主题是设计的出发点：一块柔软的、接近自然的景观，以及一块作为硬地形的人工采石场。典型的采石场硬地形随着时间的变化，从尖锐的破碎材质转化成更柔软的绿色植被。基乐斯山公园对这一变化过程进行了解读，将大量的泥土摆放到旧采石场和展览场，模拟长时间的自然过程，通过在道路之间生成一种新的草坪“衬垫”地形来平滑消除不规则的地形。一种新的景观出现了，并讲述着一段故事。

潜在的设计主题基于偏移人体尺度的感觉，并通过将地势抬升到齐目的高度，在中间设置下沉式走道，来重新诠释熟悉的构面。新地形灵巧的错觉强化了景观感，并出人意料地在公园游客中产生了游戏性的体验——一种新感觉。道路的布局受到了采石场不规则地形的

启发，同时也根据人们爬上将公园一分为二的街道的路线图进行铺设。

可持续和生态发展的概念是一项潜在议题。新进展中，屋顶的雨水被地下水箱收集起来，再从水箱中延伸出管道将雨水引导到湖里重新进行水循环。在各自小气候条件的影响下，公园的草地衬垫变成了各类型动植物的生物栖息地，草地早熟禾每年只需要刈两次，减少了相当一部分持续的养护费用。基乐斯山公园扩展处与相邻的住宅区互连，独立式住宅直接面对着公园，同时形成了新区域中心的直接连接。

参考文献

[1] 张雅涵.木构件在园林中的应用[D].北京:北京林业大学,2005.

[2] 苏婧.园林木材在景观营造中的艺术运用[J].南京林业大学学报(人文社会科学版)，2014(3):104-105.

[3] 王葆华，杜丽.景观设计中的客观载体——木材在景观中的运用[J].中外建筑，2009(1):123-124.

[4] Finnish. Thermo Wood Associatior. Thermo Wood Handbook[OL].(2011-06-10)www.thermowood.fi.data.php/200503/199344200503160912.Thermoeng.pdf.

[5] 顾炼百，涂登云，于学利.炭化木的特点及应用[J]. 中国人造板，2007(5):31-32.

鸣谢

本书在编著过程中，得到众多单位和个人的支持和帮助。其中，本书的综述部分由张雅涵女士、苏婧女士、王葆华先生和顾炼百先生提供，案例部分由以下单位提供（排名不分先后），特此致谢！

- Baukind
- Michael Van Valkenburgh Associates Inc.
- Terrain NYC
- 3GATTI
- Nádia Schilling
- Olivier Ottevaere and John Lin /The University of Hong Kong
- Formwork and Grounded
- Fraher Architects
- m—arquitectos
- Saunders Architecture
- Yoshiaki Oyabu Architects
- Concrete
- Didzis Jaunzems Architecture
- OFL Architecture
- Pavilion Architecture
- Grischa Leifheit and Jörg Wessendorf
- RYUICHI ASHIZAWA
- ARCHITECTS & associates
- RO&AD Architecten
- Gjøde & Povlsgaard Arkitekter
- Thorbjörn Andersson with Sweco Architects
- Piotr Zuraw
- ipv Delft
- 100 Landschaftsarchitektur
- Surfacedesign, Inc.
- Rainer Schmidt Landschaftsarchitekten GmbH

图书在版编目（CIP）数据

木艺景观 / 凤凰空间·华南编辑部编. -- 南京 :
江苏凤凰科学技术出版社, 2016.9
ISBN 978-7-5537-6663-8

Ⅰ. ①木… Ⅱ. ①凤… Ⅲ. ①木制品—景观设计
Ⅳ. ①TS66 ②TU986.2

中国版本图书馆CIP数据核字（2016）第139969号

木艺景观

编　　者	凤凰空间·华南编辑部
项目策划	官振平　郑冕恩
责任编辑	刘屹立
特约编辑	官振平
出版发行	凤凰出版传媒股份有限公司 江苏凤凰科学技术出版社
出版社地址	南京市湖南路1号A楼，邮编：210009
出版社网址	http://www.pspress.cn
总 经 销	天津凤凰空间文化传媒有限公司
总经销网址	http://www.ifengspace.cn
经　　销	全国新华书店
印　　刷	北京彩和坊印刷有限公司
开　　本	965 mm×1 270 mm　1 / 16
印　　张	15
字　　数	144 000
版　　次	2016年9月第1版
印　　次	2023年3月第2次印刷
标准书号	ISBN 978-7-5537-6663-8
定　　价	268.00元

图书如有印装质量问题，可随时向销售部调换（电话：022-87893668）。